それ～！獣医学のスペシャリストに聞いてみよう！

日本獣医学会 編

学窓社

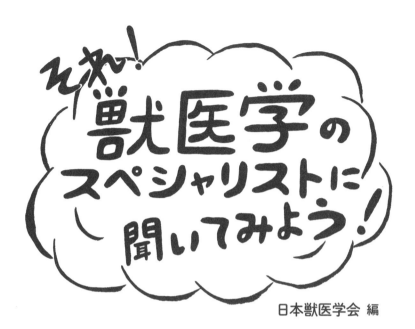

はじめに

皆さんは「獣医師」という職業についてどのようなイメージを持っておられるでしょうか。おそらく、「犬や猫のお医者さん」というのが一番身近な「獣医師」のイメージだと思います。現在日本には約4万人の獣医師がいます。このうち約40％が伴侶動物（ペット）の獣医師として活躍しています。飼っている犬や猫が病気になったときにお世話になるのが伴侶動物獣医師です。一方、近年、我が国でも牛海面状脳症（BSE）、口蹄疫、高病原性鳥インフルエンザなどの家畜感染症が発生し、経済に大きな打撃を与えたばかりでなく、人の健康への影響も話題になりました。これらの感染症を制圧し、新たな発生を防いでいるのも獣医師です。乳、肉、卵などの畜産品を産生する牛、豚、鶏などは産業動物と呼ばれますが、これらの動物の健康を管理し、安全な畜産物の供給を保証しているのもまた獣医師です。さらに医薬品の開発・安全性、食品の安全性や機能開発などの分野では実験動物を用いた研究が不可欠ですが、やはり獣医師が活躍しています。加えて、野生動物の生態研究や管理、動物園などの施設も獣医師の職域です。

公益社団法人日本獣医学会の設立は古く、1885年にさかのぼります。わが国でも長い歴史を有する学術団体です。日本獣医学会は、獣医学の教育と研究の推進と支援を目的とし、獣医学研究に関心があれば獣医師でなくても会員になることができます。会員の多くは獣医大学の教員・学生、国や地方の研究所員、製薬企業・食品企業の研究所員ですが、伴侶動物や産業動物の臨床獣医師、国や地方自治体で働く公務員も所属しています。

さて、日本獣医学会ではホームページにQ&Aコーナーを設け、一般の方々から獣医学に関する質問をお受けしています。回答者は主として獣医学会の会員です。この企画を始めてからもうすでに17年が経ち、現在では実に約250件の質問と回答を掲載しています。この度、これらの中から104件の質問・回答を選び、本として出版することになりました。動物および動物の病気に関すること、獣医師の仕事の内容と獣医師になるための進路について、質問を選んでみましたが、改めて獣医師の職域の広さに気づかされました。とにかく、色々な質問が寄せられているのですが、それらの質問に実に様々な分野の会員が回答しているのです。第1章では「動物の健康と病気」に、第2章では「獣医師の仕事」に、そして第3章では「獣医師への道」についての質問を集めました。これから大学受験を控えた高校生、どのような獣医師になろうか悩んでいる獣医学部の学生、獣医師という職業に興味を持っている方々に有益な情報を提供できればこの上ない幸せです。

公益社団法人日本獣医学会
理事長　中山裕之

目次

chapter 1 動物の健康と病気

chapter

2 獣医師の仕事

chapter

3 獣医師への道

動物の健康と病気

chapter 1

Q

猫にとって一番よいグルーミングとは？

猫のグルーミング（ブラッシング）について質問です。抜け毛がひどいので、時々ラバーブラシでグルーミングをしています。仕上げに猫用ウエットティッシュでふいています。テニスボールほどの毛が取れます。グルーミングの頻度やグルーミングの可否について、猫にとって一番よい方法を教えてください。

A

猫の性格に合わせた時間や方法で行ってください

一般的に、「グルーミング」とは、動物が体の衛生や機能維持などを目的として行う行動を、また、ブラッシングとは、人がブラシなどで髪の毛や動物の毛をすくことをいいます。最近は、ブラッシングと爪切りや耳掃除などを含めて「グルーミング」と呼んでいるようです。

猫が自ら行うグルーミングには

・皮膚や被毛の健康維持
・体温の調節
・ストレスや嫌なにおいがついたときの不安やストレスの払拭
・コミュニケーションの方法（猫同士がお互いのコミュニケーションを図る際に行う。基本的には親子、兄弟同士でみられることが多いが、幼いころから同居している猫同士にも認められる）

などの意味があると考えられています。

これらの意味を考えると、どんなときに人がグルーミングを行ってあげるか予想できますね。猫の皮膚の状態や被毛の状態を診るためにも定期的なグルーミングが必要ですし、愛猫との信頼関係を築いていく上でもグルーミングは重要だと思います。特に猫が自分では舐められない首周りやあごの下などは、飼い主が触るだけでも喜ぶことが多いようです（もちろん警戒心が強くて寄せつけない猫もいますが）。また飼い主がグルーミングを行うことによって、ノミやダニなどの寄生虫や皮膚の病気を見つける機会が増えます。

飼い主がグルーミングを行う重要な理由がもう一つあります。それは無駄な被毛を取り除くことです。猫にも春と秋（3月と11月ころ）に換毛期があります。換毛期に飼い主がグルーミングをして無駄な被毛を取り除かないと、猫自身が毛づくろいをして大量の被毛を飲み込んでしまいます。その結果、胃の中で毛玉が形成され、毛玉を吐いたり、最悪の場合は吐き出せずに消化管内に滞ってしまう毛球症になることがあります。

換毛期には毎日ブラッシングをしても大量の毛が取れる猫もいます。こうした猫には毎日しっかりとグルーミングすることが毛球症の予防になります。また室内飼いの猫の場合季節の変化がわからなくなり、その結果、換毛期がなくなり一年中抜け毛が止まらないこともあります。したがって、猫の脱毛量に合わせてグルーミング（ブラッシング）の頻度を決めていただくのがよいと思います。コミュニケーションの構築を目的とする場合には、毎日、軽めのグルーミングをしてください。ただし、いずれの目的であっても猫の気分が乗らない場合は、強引に行わず、グルーミングを嫌いにならないように心がけることが重要です。一度、嫌いになってしまうとブラシを見ただけで逃げ出すこともありますので気をつけてください。

・基本的には3分程度の短い時間で行います。比較的嫌がらないあごの下、頭の後ろや首周りから行っていきます。

・じっとしているようであれば背中、腰、しっぽ、リラックスしているようであればお腹もグルーミングしましょう。

この際、猫が痛みを感じない程度の力で行ってください。アンダーコート、オーバーコートに関係なく脱毛している被毛を取り除くことが重要で、力任せに被毛を取り除かないようにします。

グルーミングをしっかりしていれば基本的にシャンプーは必要ないかもしれません。しかし飼い猫の汚れ、フケ、毛艶やにおいが気になるのであればそのときにシャンプーをしてください。ただし犬と違って猫は被毛や皮膚が水に濡れるのを嫌う傾向がありますので、ストレスを感じない程度の頻度で行ってください。

以上、まとめると猫に対するグルーミングはスキンシップの方法だけではなく、毛球症の予防、ノミなどの寄生虫や皮膚・体の異常に気づくためにも重要です。ただし、猫の気持ちも考えながら行わないとコミュニケーションを図ることができませんので、個体の性格に合わせた時間や方法で行ってください。

Q ドッグランについて教えてください

最近、ドッグランの紹介記事や広告をよく見かけます。ドッグランの利用方法などを教えてください。

A ドッグランとは犬を放して自由に運動させることができる場所です

ドッグランで犬たちを思い切り走らせてあげることは、犬にとっても飼い主にとっても大変気持ちのよいものです。ただ、ドッグランは多くの方が利用するので、お互いが楽しく、また安全に利用するためには、事前にきちんとした準備と対策をしておくことが必要です。

ドッグランといっても公共のものや個人で経営しているものがありますので、それぞれ利用するドッグランの規則をきちんと遵守する必要があります。事前に登録が必要な場合には、必ず登録を済ませてから利用するようにしましょう。ウッドチップや砂が敷いてあるドッグランもあれば、芝生や未整地の土のまま、あるいは室内のところもあります。特に、犬を思い切り走らせることを考えれば、屋外の芝生やウッドチップのところが怪我を防げるのでお勧めです。

ビニール袋などを数枚用意しておき、ドッグランで犬が糞をした場合はすぐに取り除くようにします。また、ドッグランの中で、犬に伸縮可能なワイヤーのような細いリードをつけて走らせることは、他の犬がそのリードに引っかかって傷ついてしまうことがあるので、大変危険です。また、かみ癖のある犬をドッグランで放すことも大変危険です。子犬のころからしっかりと訓練をして、他の犬や人にも慣れさせるようにします。他の犬とトラブルになりそうなときは、すぐにリードをつけて引き離します。

感染症対策としては、犬には狂犬病のワクチンや各種感染症に対する混合ワクチンは必ず打つようにしてください。また、夏季には蚊がたくさん出てきますので、フィラリアの予防対策も必要です。管理の不十分な草深いドッグランなどでは、稀にノミやマダニなどが寄生することがありますし、寄生虫を持っている犬の糞便中にはその卵などが混ざっていることがあるので、定期的にこれらの駆虫をすることも必要です。ルールとエチケットを守って楽しくドッグランを利用したいものです。

Q 三毛猫にオスはいるのでしょうか

三毛猫のオスは珍しいといいますが、本当でしょうか。三毛猫の定義も教えてください。

A 黒・白・茶（オレンジ）の三色が発現していれば「三毛猫」と呼びます 三毛猫のオスは稀です

一般的には「黒」「白」「茶（オレンジ）」の三色が発現していれば、三毛猫ということになります。また、こげ茶・茶色・白の猫を「キジ三毛」、縞模様との混合の個体を「縞三毛」と呼ぶこともあるようです。

三毛猫のオスは非常に稀にしか生まれません。猫の場合、精巣が陰嚢内に下降してくるのが生後20日くらいのため、生まれてすぐに性別を区別することは難しいのですが、子猫のしっぽを持ち上げて後ろから観察し、肛門のすぐ下に生殖器の穴があればメス、もっと低い位置に包皮の開口部があればオスです。オスの場合は、肛門より少し離れた位置に包皮の開口部が見えます。

三毛猫の「黒」と「白」を決定している遺伝子は常染色体上に存在していますが、「茶（オレンジ）」を決定する遺伝子は性染色体であるX染色体上に存在しています。性染色体はメスの場合XXですが、オスはXYとなるため、「茶」の遺伝子を一つしか持つことができず、茶色一色もしくは黒色一色しか生まれないことになります。

正常なオスは性染色体がXYのため、三毛猫は生まれませんが、稀にX染色体が一つ増えて「XXY」となっているクラインフェルター症候群といわれる状態、性染色体が「XX」と「XY」の両方を持っている場合、本来はX遺伝子にあった茶の遺伝子が染色体の一部の切断により、他に付着（転座）して遺伝子の位置が変わってしまった場合にオスの三毛猫が出現します。どのくらいの割合で出現するかは、明確な資料はありませんが、3千頭に1頭という報告やクラインフェルター症候群の確率である3万頭に1頭などといわれています。

三毛猫のオスは性染色体異常の場合、繁殖能力がありませんし、転座などで繁殖能力がある場合でも、オスの三毛猫が生まれる確率は同様に低くなります。

Q
動物の糞尿害について教えてください

私の職場の部屋で長い間悪臭がしたため、天井裏を調べたところ、大量の糞尿が見つかりました。この部屋には猫がいて、天井裏にも入り込んでいるようです。この悪臭は、人にとって害ではありませんか。

A
健康上好ましい状況ではありません

アライグマやハクビシンといった動物も屋根裏に住みつくことがあり、また宿糞といって同じところに糞や尿をためてすることがありますので、まずは、天井裏の糞の原因が猫なのか、その他の動物なのかを確認する必要があります。

動物の糞・尿はかなり強いにおいがします。また、ご質問の様子では、かなり長い時間それらが蓄積しているようですので、かなり不快な状況になっていると思われます。また、猫はトキソプラズマ（寄生虫の一種）の終宿主になり、卵（オーシスト）を糞便中に排泄します。このオーシストは、長期間環境中に生残し、人に感染すると網膜炎やリンパ節炎、妊婦が感染すると死流産などを起こすことがあります。また、猫の糞はQ熱という細菌による感染症の感染源になることもあります。さらに、猫は猫回虫や瓜実条虫などの寄生虫をお腹の中に持っていることがあり、これらの寄生虫が稀に人に感染することもあります。もし猫が天井裏に住みつき、そこで糞をしているのならば人の健康上好ましいことではありません。なるべく早くきれいに片づけたほうがよいでしょう。

また、天井裏の糞尿が、自分が飼育している動物でなく、野生動物である場合、まずはお近くの保健所に相談してください。

Q

炎症性腸疾患（IBD）犬の食事療法について教えてください

飼っているメスのパピヨン犬（9歳11カ月齢）が嘔吐と下痢を繰り返し痩せてきました。近くの獣医さんで炎症性腸疾患（IBD）の疑いと診断されました。ステロイドの投与が始まり、食事療法を指示されました。このような場合の食事療法について教えてください。

A

消化吸収のよい消化器疾患用療法食が推奨されます

炎症性腸疾患の疑いということで、すでにステロイドの投与が始まっている中での食事療法ですので、一般的には消化吸収のよい消化器疾患用療法食が推奨されます。中でも下痢がみられる場合は消化管への負担を軽くする目的で低脂肪の療法食が多く使われます。これら市販の療法食も犬が食べてくれなければ意味がありませんので、そのような場合は、米・じゃがいも・鶏ささみ（または胸肉）（私は2：1：1で与えています）からなる手作りの超低脂肪食を試してみるのも一法でしょう。ただし、この手作り食は栄養学的には不完全ですので、長期の維持食としては向きません。効果が認められた場合は、市販の低脂肪食と混ぜるなどして栄養の維持に配慮する必要があります。

Q ウサギの寿命を人の年齢と比較するとどのくらいでしょうか

臨床医学の研究者です。先日学会（眼科分野）で発表した際に、4歳のウサギは人にあてはめるとどれくらいの年齢になるのかという質問をいただきました。私が現在使用しているのはニュージーランド・ホワイト種由来のウサギです。ウサギの年齢は人にあてはめると（そもそも種が違うので、正確にはわからないことは承知しております）どれくらいの年齢になるのか、また平均の寿命はどれくらいなのか、ご教示いただけると幸いです。

A ウサギの4歳は人の50～60歳程度と考えられます

実験動物学の教科書によれば、ウサギの平均寿命は7～8年または4～6年（「現代実験動物学」笠井憲雪、安居院高志、吉川泰弘編／朝倉書店）、6～7年（「実験動物の技術と応用」㈳日本実験動物協会編／アドスリー）、あるいは5～6年（「実験動物学の原理」笠井憲雪、二宮博義、安居院高志、黒澤努監訳／学窓社）と記載されています。おおよそ6年程度ということでしょう。動物の年齢を人の年齢に換算することは必ずしも容易ではないといわれていますが、一つの目安として、寿命と繁殖適期との相対的関係から類推する方法があります。人の寿命を70～80年、繁殖適期を20～40年と仮定します。一方、ウサギの寿命は上記のようにおおよそ6年、また繁殖適期は0・5～3年といわれています。これらの数値から考えると、ウサギの4歳は、人の繁殖適期を過ぎているがまだ寿命には至らない50～60歳程度と考えられます。なお、加齢は環境要因によって大きな影響を受けますので、あくまでも目安程度とお考えください。また、遺伝子改変動物の場合はその影響も考慮する必要があるかもしれません。

Q 犬の経鼻カテーテルの使用法について教えてください

飼い犬が口からの食事が困難になり、鼻からカテーテルを入れ、高栄養食を注入しています。このカテーテルですが、1週間で取り替え、1カ月で取り替え、取り替えなしなど獣医師によりまちまちな見解です。指針があれば、また病状にそった何かがあれば教えてください。

A 犬の経鼻カテーテルの使用について厳密な指針はありません

経鼻食道カテーテルを用いる場合、長期間の栄養補給は考えていません。通常は3日〜1週間程度の栄養補給を考えていますので、それほど長期は設置しないと考えてください。またカテーテルチューブの材質にも長期間使用が可能なものと耐久性を持たないものが存在します。咽頭瘻チューブ、食道瘻チューブ、胃瘻チューブなどを設置する場合は数週間から数カ月の使用が可能といわれています。胃瘻チューブなどでは3カ月から半年ごとの交換が勧められていますが、チューブに劣化がみられない場合などではそれ以上使用することもあります。

現状では指針はありません。また経鼻食道チューブは鼻から挿入するため内径が細く、中に入れる食餌は液体あるいは流動性が高いものでなければなりません。また、嘔吐をするとチューブの先端が食道内で反転し、口から出てしまう場合もありますので長期間の使用には向かないといえるでしょう。

Q 犬の肝臓疾患の療法食について教えてください

犬の肝臓数値が高めで（GPT300、GOT67、ALP420）、服薬とサプリメント、そして食事療法を、という指示が出ました。低蛋白、低脂肪食を心がけるようにとのことで、シニア犬用のフードや肝臓サポートフードなどを勧められましたが、自宅に帰って色々調べたところ、この数値で療法食に切り替えることに疑問を持ちました。特に肝臓サポートフードは、肝性脳症、慢性肝炎、門脈シャント、肝不全などが対象の療法食のはずですが、数値上昇の原因が不明の犬にも適用されるのでしょうか。

A　肝臓の負担を減らすという目的であれば原因にかかわらず肝臓疾患用の療法食を与えても問題はありません

肝臓の数値の異常は、様々な病気でみられます。そのすべてが療法食に反応するわけではありませんが、獣医師としては、まずは一般的な薬と療法食を処方し数値の改善がみられるかを知りたかったのだと思います。肝臓の負担を減らすという目的であれば、原因にかかわらず肝臓疾患用の療法食を与えても問題はありません。原因がわかればそれに対する直接的な治療を行うことができますので、ご心配であれば詳しい検査を受けることをお勧めします。

Q 猫の去勢手術の適齢は？

室内飼育している5カ月のオス猫を動物病院に連れていった際、去勢手術は1歳を過ぎてから、と教えていただきました。1歳以下の猫に去勢手術を行うと、必ずといっていいほど、膀胱炎などの病気になるとのことでした。そこで、質問なのですが、去勢手術は、何歳ころ行うのがよいのでしょうか。また、1歳以下の去勢手術は、膀胱炎などのリスクを高めてしまうのでしょうか。我が家の猫は、完全に室内での飼育です。

A 猫の去勢手術の適齢について明確な基準はありません

猫の場合、去勢手術は一般的には6～9カ月齢で実施することが多いようですが、それよりも早期に手術を実施している獣医師もいるようです。より高齢で手術を実施した場合と比較して合併症などが多いとは証明されていません。一方、犬も猫もメスでは早期に避妊手術を実施することで乳腺腫瘍の発生率が低下することがわかっていますが、オス猫の去勢について疾患の予防のための意義はあまりありません。

かつてはあまりに早期に去勢手術をすると猫下部尿路疾患の発症率が高まるといわれていました。しかし、現在はその関連性はほとんど否定されています。

Q

猫用のハウスに入った疥《かい》癬《せん》タヌキをどうしたらよいのか

現在室内飼育の猫2匹、ベランダの下の居候猫4匹、ご飯だけを食べに来る地域猫10匹前後の面倒をみています。2、3年前から、夜になると地域猫達の残したご飯を食べにタヌキが3頭ほど来るようになりました。猫達との接触や争いはありませんが、3頭のうちの1頭が明らかに疥癬症にかかっています。首から下の毛が抜け落ち、丸裸で、寒さに震えながらも食べ終わるとおとなしく帰って行きます。ところが、先日の明け方、ベランダの下の居候猫のハウスにその丸裸のタヌキが入っていました。このまま居つかれては、猫達の暮らしが脅かされますし、人や猫達に疥癬症がうつったら大変です。どうしたらよいものでしょうか。

A
疥癬症は多くの場合救護対象ですので都道府県の鳥獣行政担当に問い合せてください

猫用のハウスに入った疥癬タヌキをどうしたらよいのかという質問ですが、その背景には二つの問題があると思います。一つは、野生動物であるタヌキが疥癬症にかかったのでそれを治療するべきか否かという問題、もう一つは、野生のタヌキに図らずも餌づけをしてしまった問題です。

まず前者ですが、人為的なことが原因で病気にかかったり怪我をしたりした場合には、人間の責任においてこれらの動物を治療して野生復帰させることは理に適っていると思います。一方で、野生で自然に営まれる動物の行動や病原体伝播の結果、病気になった野生動物については人が手を出すべきでないと考えます。しかしながら、その因果関係ははっきりしないことが多く、間接的に人間活動の影響を受けている場合も少なくありません。したがって、人為的な影響を受けていないことが明瞭確実である場合を除いて、野生で動物が弱った状態で発見される場合はほとんどすべて救護の対象となっているのが現状です。今回のような疥癬症もこのような因果関係が不明確な一例だと思われます。疥癬症は多くの場合、救護の対象とされますので、各都道府県に設置されている鳥獣保護センター、傷病鳥獣救護の委託を受けた動物病院あるいは、動物園で引き受けてくれるはずです。鳥獣行政の担当窓口に問い合せてみてください。

二つ目の問題ですが、結果的ではあるにせよ、野生動物に餌を与える行為は肯定されるものではありません。餌を与える行為が一時的に一部の動物の危機を救っても、長い目で見れば動物（群集や個体群レベルで）を窮地に陥れる場合が多いからです。

例えば、野生動物の最も重要な行動である採食を自然本来のものから歪めたものにし、人から与えられる餌なくしては生きていけないような習性にしてしまう可能性があります。基本的に、野生動物は人の力を借りずに生きていくものです。感情に流されて安易に餌を与える行為は慎むべきと考えます。その結果、野生動物が死に至るとしても、それは自然の中で営まれていることですし、死んだ動物から恵みを受けて

いる生物もたくさんいることを忘れてはなりません。動物の死は自然界では決して無駄には終わらない、そういうシステムが存在します。「動物の死＝かわいそうな結末」と考えるのではなく、健全な自然の循環の一部と考えて自然の流れに任せることが必要です。そのような営みを大きな視野で眺めてみませんか。

ということで、猫だけに餌を与える工夫を施し、野生のタヌキには餌を与えないでください。

Q

野生のタヌキから飼い犬が感染症をうつされることがありますか

近所で野生のタヌキをみかけました。野生のタヌキは病気を持っていると聞いたことがあります。万が一飼っている犬と接触して、犬に病気にうつったりしないかと心配になります。

A

接触を避け衛生状態に気をつけていれば心配する必要はありません

野生のタヌキも人やペットと同様に様々な病気にかかりますが、質問にある「病気を持っている」の「病気」とは、人や犬にうつる可能性のある「感染症」を意味すると思いますので、ここではその点についてお答えします。

まず、知っておいていただきたいのは、犬にもタヌキにも人にも免疫力があるので、例えタヌキが「病原体を持っていた」としても、それは即「病気」ではありませんし、もちろん、すぐに「感染」が成立するわけでもありません。「病気」を予防するためには、**1**人やペットの生活圏に野生動物を近づけない（ゴミを出さない、餌づけをしないなど）、**2**野生動物と接触しないようにする、**3**手洗いやうがいをする、**4**靴や服を洗う、**5**飼っている犬を洗ったり、ブラッシングをするなどが大切な対策です。

タヌキは、イヌ科の動物で、犬と同じ感染症にかかる可能性があります。野生のタヌキがすむ森を失い、ゴミなどに誘引され人間の生活圏に集まった結果、犬ジステンパーやカイセン症に感染することがあります。この逆もあり得ることなので、やはり飼い犬を野生のタヌキと接触させないことが最も効果的な感染症予防対策です。直接接触することは少ないと思いますが、野生動物の糞や死体があった場合、においを嗅がせないなど近づけないことも重要です。ちなみに、タヌキは「溜め糞」といって、仲間で一カ所にまとめて糞をするという性質があります。散歩から帰ったら、犬の足裏を洗ったり、ブラッシングをしたりして清潔に保つとよいでしょう。

Q 犬の発情期について教えてください

2歳のオスの雑種犬を飼っています。近所に発情したメスがいたようで、私の静止も聞かず脱走を繰り返しましたが、捕獲するとおとなしくなりました。どんなにしつけされた犬でも、発情したメスがいると飼い主のいうことをきかなくなるのでしょうか。我慢できるようにしつけることは可能なのでしょうか。さかりがついた期間は遠吠え、震え、食欲不振などの症状が出ていました。これらを鎮めるための去勢以外の方法はあるのでしょうか。

我慢がストレスになり、寿命が縮まるのであれば、それは望みません。発情したメスと出会った際のオス犬の精神・肉体状態と対応策を教えてください。

A 発情したメス犬に対してオス犬が興奮するのをしつけで抑えることはかなり難しいと思います

　脱走してしまったワンちゃんが戻ってきて何よりだったと思います。発情したメス犬について行って帰れなくなった犬の話をよく聞くからです。発情したメスに対してオス犬が興奮するのをしつけで抑えることはかなり難しいと思います。一般的に賢くてかつ厳しくしつけられている警察犬や盲導犬でも、メス犬による混乱を防ぐために、早期に去勢されます。発情したメス犬に興奮することは、本能的な部分が関連するので、それをしつけで解除することは難しく、できたとしても犬にストレスを強いることになります。その対策として去勢が一番有効とされています。アメリカにおけるアンケート調査は、犬の放浪癖（脱走）は、去勢によって90％以上改善したと感じた飼い主が約4割、50％程度改善したと感じた飼い主が7割弱いたと報告しています。

　未去勢のオスは、自分の縄張りを守るために、常に神経を張って暮らしています。去勢をすると、こうした警戒心をある程度ほどいてあげることができます。ワンちゃんの幸せを一番に考えてあげて、最良の選択をされることを祈っています。

Q 世界的な気候の温暖化は日本での人獣共通感染症の拡大に影響するのでしょうか

世界的な気候温暖化の影響で感染症が広がっていると聞きました。日本での人獣共通感染症の拡大にも影響しているのでしょうか。影響あるとすればどのような感染症が新たに広まる可能性があるのでしょうか。

A 温暖化に伴い日本脳炎やデング熱、リフトバレー熱などの拡大が危惧されています

人獣共通感染症（ズーノーシス）の中にはハエや蚊などの節足動物の媒介により伝播する

ものがあります。節足動物の生息域は気温に左右されることがあるため、それにより伝播される感染症にも北限や南限があります。地球が温暖化すると、これまで生息できなかった地域でも媒介節足動物が繁殖するようになり、それに伴ってズーノーシスの分布が拡大する恐れがあります。例えば、日本脳炎は蚊が媒介するズーノーシスですが、現在は本州を北限としています。温暖化が進めば北海道へも拡大する可能性があります。同じように蚊によって媒介されるデング熱やリフトバレー熱も温暖化に伴って分布域の拡大が危惧されています。

実際数年前に起こった日本でのテング熱の発生は記憶に新しいできごとです。

Q 延命治療なのか、安楽死なのか判断ができない場合は？

交通事故で骨盤骨折を起こし集中治療中の猫が、生命の危機にあります。薬の点滴で様子を見ていますが、本当に助けられるのか先生のはっきりした言葉は聞けません。もう、楽にしてあげたいとも思います。このような場合、飼い主のほうから安楽死を申し出できるのでしょうか。

A 今後の症状、苦痛をあくまで予測として獣医師に聞いてみてはいかがでしょうか

非常に重大な病状のようで、ご心配のことと思います。

動物が病気のために苦痛を感じ、その病気の治癒はかなり困難である、といった場合、安楽死は一つの選択肢と考えられます。これは、動物の側に立った「動物福祉」という観点から、より長い期間苦痛を受け続けることより安楽死を選択することが動物にとって好ましい、という考えに沿っています。しかし、このような判断は決して容易なものではありません。

まず、現在治療を担当している獣医師に、病状に関して十分な説明をしてもらい、その上で、今後の見通し、すなわち治癒するとすればどの程度の期間、費用がかかるか、その間に動物の症状はどのように変化する可能性があるか、苦痛はどうか、といった点について、あくまで予測として獣医師に聞いてみてはいかがでしょうか。さらに、飼い主であるあなたの気持ち、考え方などもきちんと話し、今後の見通しが動物にとっても、飼い主とその家族にとっても受け入れがたい場合、安楽死の決断を伝えてはいかがでしょうか。

残念ながらすべての病気が治せるわけではなく、また動物は見た目以上に苦痛を受けていると考えられることもしばしばあります。そのような場合、獣医師は、様々な説明に加えて、安楽死の選択もお話するようにしています。飼い主によっては、そのような決断はできない方もおられますが、動物の側に立った決断が必要なときもあります。早期の回復を祈りつつ、回答いたします。

Q 猫を重金属中毒で亡くしました。人体に影響はないのでしょうか

先日、猫を重金属中毒で亡くしました。獣医さん曰く、油絵具に含まれる重金属を舐めてしまったのだろうということでした。母親が油絵をよく描くので、我が家には油絵具がたくさんあります。また、甥や姪など小さい子がいます。そこで心配なのは人体に影響がないかということです。教えていただけると幸甚です。

A 飲食をしながらの描画や幼児の誤飲に気をつける必要があります

まず油絵具の成分は顕色剤としての「顔料」、展色剤としての「植物乾性油」、体質顔料（タ

ルク）、これに少量の天然・合成樹脂と乾燥促進剤からなっています。このうち問題となるのは「顔料」です。最近では安全意識が高まり毒性的に問題のない「顔料」を含む油絵の具が多数市販されておりますが、ある種の油絵具の中には、依然として鉛、セレン、カドミウム、コバルト、マンガン、硫化水銀、クロム、銅あるいは砒素といった毒性の強い重金属が含まれています。猫が長期間持続的にこのような絵の具に暴露された（舐めた）場合、中毒を起こす可能性は十分にあります。確定診断としては、使用していた油絵具の成分を分析するとともに暴露された猫の血液・尿あるいは臓器中の重金属濃度を測定する必要がありま す。なお、絵具チューブの材質に関しては、以前はほぼ鉛製でしたが、最近ではすべてアルミニウム製に置き換わっており、チューブからの溶出は考えなくてもよいと思います。

次に人体への影響ですが、適正に使用している場合には問題は生じないと考えますが、飲食をしながらの描画や、幼児の誤飲には気をつける必要があります。成書によると誤飲の場合には「少量でも、すぐ医師のところへ」と記載されています。また、油絵具の場合、解き油や筆洗いなどに有機溶剤（テレピン油、ペトロール など）が使用されていることもありますので、これらの取り扱いにも十分な配慮が必要です。

Q

ペット（特に犬、猫）が口にしてはいけない植物を教えてください

キキョウは人に毒だと聞いたことがありますが、動物にも危険なのでしょうか。花屋で売っている植物の中にも危険な物があるのでしょうか。

A

観賞植物は動物が接触できる場所に置かないほうが賢明です

室内に飾る切花や鉢植えの観賞植物や庭の雑草で起こる中毒が犬や猫でも報告されています。飼い主が気づかないようなものが中毒の原因になることがあります。ユリ科植物の花や葉、キク科のハルジオンなどが中毒の原因と報告されています。キキョウはどうかというご質問ですが、下記の参考書では、キキョウも中毒の原因植物として挙げられています。キキョ

ウ科に属するトルコキキョウも中毒の原因になると想像されます。これら以外にも数え切れないほど多くの植物が中毒の原因となるとされています。インターネットなどで中毒の原因となる鑑賞植物が示されています。犬や猫は新たに室内に導入した切花や鉢植えの観賞植物に興味を示し、それらの植物にかみついたりしますので、観賞植物は動物が接触できない場所に置いたほうが賢明と思われます。

［参考書］「犬・猫家庭動物の医学大百科」（山根義久監修／ピエ・ブックス）

Q 小型犬の屋外飼育について

近所にミニチュア・ダックスフンドを屋外で飼っている人がいます。犬小屋もなくコンクリートの上に鎖でつながれていて、よく鳴いています。私の家でもスムースのミニチュア・ダックスフンドを飼っていますが、彼らはとても寒がりで、いつもストーブの前から離れず、特に気温の低い日には大好きな散歩にも出たがらないのを見ているので、その犬が屋外につながれているのを見るたびに心が痛みます。自分の体験から、小型犬は屋外の寒さに弱く、耐えられたとしても健康には悪いし、酷だと思うのですが、獣医学的にはどうなのでしょうか。飼い主さんに、屋内で飼ったほうがよいと話をしてみようと思っていますが、私の思い込みで自分のやり方を押しつけるのはよくないので、専門家のご意見を伺いたいと思います。

A 犬の環境適応度は個々の能力も関係します

獣医学的に見た場合、犬の耐寒耐暑能力などの環境適応度は、一概に犬種だけでは決められず、個々の適応力も関係します。ミニチュア・ダックスフンドを犬小屋もないのに屋外で飼っている人がいるのだろうか、とも思いますが、世の中には色々な価値観や考え方の人がいるので、そういう人がいるのかもしれません。また、何か理由があって犬を外に出しているのかもしれません。したがって、外で飼っているだけでは動物虐待とはいえないのが実情です。あなたがその犬をかわいそうと思う気持ちはよくわかります。そして、その犬の飼い主にアドバイスをしたい気持ちもわかります。しかし、これは難しい問題です。というのは、その犬は（様々な価値観を持った）他人の飼い犬であり所有物であるからです。言い方や相手によってはトラブルに巻き込まれるかもしれません。また、飼い主の許可なしに何かをすれば他人の所有物に勝手なことをしたということになり、訴えられるかもしれません。もう少し実態を把握してみてはいかがでしょうか。何かの機会に飼い主とお話しできれば、その方の考え方やワンちゃんの様子もわかるかと思います。

Q

犬種による耐寒性の違いについて教えてください

ミニチュア・ダックスフンドのような小型犬は寒さに弱く、屋外での飼育には向いていないと考えているのですが、屋外飼育でも長生きできるのでしょうか。もし、小型犬が寒さに弱いとしたら、それはなぜなのでしょうか。

A

原産地、遺伝的背景が関係しています

動物の大きさと耐寒性については、少々古いですが『ベルクマンの法則』と『アレンの法則』が有名です。ベルクマンの法則は「恒温動物においては、同じ種でも寒冷な地域に生息するものほど体重が大きく、近縁な種間では、大型の種ほど寒冷な地域に生息する」というものです。これは体温維持について体重と体表面積の関係から生じるものです。

一方、アレンの法則は、「恒温動物において、同じ種の個体、あるいは近縁のものでは寒冷な地域に生息するものほど、耳、吻、首、足、尾などの突出部が短くなる」というものです。これは体の突出部は体表面積を大きくして放熱量を増やす効果があるためと考えられます。

さて、問題は「犬」について上記の法則があてはまるか否かです。今日我々が接している多くの犬種は、そのほとんどが様々な既存の犬種の掛け合わせ（交配）によって、長年の歳月をかけて作出されたものです。その中には、北方系、南方系の犬種との交配もあります。

私は、一般的な犬種の耐寒性、耐暑性は「大型、小型」ではなく、その犬の原産地や遺伝的背景が大きな決め手になると考えています。小型でも寒さに強い個体もいれば、大きくても寒さに弱い個体もいると思います。また、寒さに対しては、被毛の影響も大きいと思います。

もう一つ、室内飼育と屋外飼育による犬の健康、寿命の問題について述べたいと思います。日本犬は一般的に自立心が強く、外飼いでもまったく問題はありませんが（むしろ、外のほうがよい）、ゴールデンレトリバーなど大型であっても、家族が一緒にいないと寂しがる犬種もいます。また、屋外飼育の場合、屋内飼育に比べて寄生虫感染も含めた病原微生物感染の可能性が格段に高くなりますので、ワクチン接種や日常の健康管理面で屋内飼育以上に手をかけてあげなくてはいけません。

Q 犬や猫の糞尿害に困っています

公園などに放置される犬や猫の糞は、自治体に相談しても「飼い主のモラルの問題」としか回答されず何の解決にもなっていないのが現状です。自分の飼い犬への寄生虫感染も怖いですし、植物にも何らかの影響があるのではないか（犬の糞尿は酸度が強いと聞いた覚えがあります）とも思っています。人糞や牛糞が堆肥として活用されているので犬や猫の糞も肥料になると勘違いして公園に埋める人が案外多いのです。

犬や猫の糞尿の性質と、それを放置する（地中に埋める）ことによって人を含めた動物や植物に与える影響を教えてください。

A 健康な動物の糞は土に埋めても問題はありませんが、回収したほうがよいでしょう

まず獣医学的見地から犬猫の糞尿についてご説明します。一般的に犬の便は75～80％が水分、残りが消化されなかった繊維分や腸内細菌、腸粘膜がはがれ落ちたものといわれています。猫の便についても同様ですが、犬の便よりは水分が少ない（硬い）ことが多いようです。健康な犬と猫の尿は酸性リン酸塩を含むため酸性（pHは4・5～7）を呈します。ちなみに人のpHは5～8ですので、犬猫の尿が特別に酸性が強いというわけではありません。公園などにある金属製の柵や柱などは、毎日多くの犬たちに尿をかけられることで次第に錆びてしまいますが、草花などはたまに尿をかけられる程度で枯れることはありません。健康な動物の尿は、人と同じように、蛋白質も糖も陰性です。細菌（いわゆるバイ菌）も存在しません。健康な人の尿と同様に通常は何の問題もありません。犬猫の尿に触れてしまってもその後石鹸でよく手を洗っておけば衛生上も問題になることはありません。

健康な犬猫の糞の中には腸内細菌が存在しますが、問題になるような病原性の細菌は存在しません。糞を土に埋めた場合何十日かのちには土壌中の細菌によって分解されますので、

土に埋めること自体は問題ありません。自分の犬の糞を知らん顔で置き去りにする不届きな飼い主に比べれば、埋めていく飼い主のほうがまだましといえますが、糞を回収せず、公共の場所である公園内に埋めていくこと自体、モラルが低いといわざるを得ません。

次に問題になる場合について説明します。糞に病原体が存在するときです。現在の日本で問題となる病原体は主に寄生虫で、特に犬回虫と猫回虫は人にも感染します。これらの寄生虫の犬と猫の感染率には地域差がありますが、飼育頭数の多い都市部で地方より高くなっています。ただし、成人に感染することはまずありません。しかし、低率ですが幼児に感染することがあります。どのようなときに幼児に感染するかといえば、公園の砂場遊びが問題なのです。犬猫の多くは排便すると糞に土をかけて隠そうとする習性を持っています。砂場は掘りやすいため、好んで砂場で排泄するようです。排泄物は月日が経つうちに乾燥したり雨に溶けて砂にまぎれて、糞としての形はわからなくなります。犬猫の糞便内に回虫卵が存在していると、これらも砂にまぎれます。回虫卵は乾燥と低温に強く、何カ月も生きています。このような場合、幼児が砂場遊びをすると虫卵が手に付着し、その手で口をぬぐったり、ものを食べることで、虫卵が口に入り、回虫に感染します。大阪で公園の砂場の砂について虫卵検査をしたところ約8割の砂場から回虫卵が検出されたという報告があります。犬猫の飼い主は規則とマナーを守り、毎年必要なワクチン注射を動物病院で定期的に受けているまじめな方が大部分ですが、ごく少数、犬を放して好き勝手に遊ばせ、糞の始末もせず、寄生虫にかかっても病院にはいかないという困った飼い主がいます。ご指摘通り、ごく一部の困った飼い主により、犬猫の飼い主の全体のモラルが低いと思われているのが実態です。日本寄生虫学会では犬猫からの寄生虫感染を防止するため、厚生労働省とともに感染防止対策の推進を指導しています。また、農林水産省や日本獣医師会も犬猫の飼い主のモラル向上と、法規を遵守した適切な飼い方の啓発を推進しています。質問者の方はその効果のほどに疑問を感じておられるようですが、実はかなり効果を挙げてきています。

参考までに、日本寄生虫学会が推奨する簡易砂場消毒法をご紹介しましょう。黒のビニールごみ袋（黒でなくてはならない）を、消毒しようとする砂場の面積よりも大きくなるようセロハンテープでつなぎ合わせ、それを天気のよい日に砂場にかぶせて、周囲を石や砂などで押さえ一日中かぶせたままの状態にしておきます。内部の温度は60℃以上に上昇するため、虫卵を死滅させることができます。同時に、砂の中の種々の細菌も消毒されます。数日置いて再度実施すれば完璧です。ぜひお試しください。

Q コウモリの糞に触ってしまいましたが大丈夫でしょうか

マンションの2階のベランダの網戸に、焦げ茶色の米粒ほどの塊が一つついていました。

駆除業者から、コウモリの糞の可能性が高い、今の時期は蚊を食べているため、一つでも二つでも糞は危険だといわれました。ビニール手袋をはめて、濡らしたティッシュで取りました。また、網戸にカーテンが触れ、気がつかず、そのカーテンを触っていました。生後1カ月半の子供もカーテンを触りました。感染症は大丈夫なのでしょうか。カーテンは洗う必要がありますか。

A コウモリが関係する重篤な感染症は現在のところ日本に存在しません

コウモリが関係する重篤な感染症としては、狂犬病、重症急性呼吸器症候群（SARS）、ニパウイルス感染症、ヘンドラウイルス感染症などが知られています。狂犬病は、狂犬病にかかったコウモリにかまれることで感染します。SARS、ニパウイルス感染症、ヘンドラウイルス感染症はコウモリの排泄物中のウイルスに接触したり、吸引することで感染します。しかし、これらの感染症は現在のところ日本に存在しませんので、あまり心配することはありません。駆除業者が、今の時期コウモリは蚊を食べているから危険であると言ったそうですが、科学的な根拠は不明です。ご心配であれば、アルコールスプレーなどで網戸の消毒をし、カーテンを洗うとよいでしょう。

Q 家に住みついたコウモリの駆除法を教えてください

家の屋根裏や雨戸の戸袋に無数のコウモリが住みついて困っています。駆除の方法を教えてください。

A 通気性をよくして風が吹き渡るようにしたり扇風機で風を送り込んでみてください

私自身はコウモリの専門家でありませんので、知り合いの専門の先生に伺いました。

まずご理解いただきたいのは、コウモリが住みついているということは、その場所がコウモリにとって快適な環境であるということです。つまり、夏には涼しく冬には暖かく、びゅーびゅーと風が吹き抜けるということもなく、安心して暮らせる空間になっているのだと思います。つまり、コウモリを追い出すにはそのような快適さをなくすというのが一つの方法です。通気性を過剰によくして常に風が吹き渡るような環境にする、あるいは扇風機で強制的に風を送り込むなどです。

また、コウモリは基本的には夜になると外に飛び出していくはずですから、しばらく観察し、どの穴から何匹くらい出入りしているのかを確認した後、外出している際にその穴をふさいでしまうことです。ただし、コウモリはかなり小さな穴でも出入りしますので、完全にふさがなければなりません。6～7月には出生したばかりの子コウモリが巣に残っていますので、ふさいだ後に死亡して腐敗してしまう可能性がありますので、この期間は避けたほうがよいようです。

いずれにしても結構大変ですし、完璧な駆除方法というものはないそうです。専門家に駆除を依頼するとかなりの経費がかかるということです。コウモリ駆除に関するホームページもあるようなので調べてみてはいかがでしょうか。

Q 闘牛は「赤」の色ではなく「マント」の動きに反応しているのでしょうか

一般的に、闘牛ではマントの「赤」の色に牛が反応していると言われています。しかし実際のところ、牛は色盲なので、「赤」ではなく「マント」の動きに反応していているという情報を本で見つけました。本当でしょうか。

A 犬、猫、牛、馬などの動物は色覚はありますが赤と緑の区別がつきません

犬、猫、牛、馬などの動物はすべて色を感じています。ただし、青に該当する波長に反応する網膜錐体細胞と赤から緑の波長に反応する網膜錐体細胞の2種類しか持っていないの

で、十分な明るさがある場合には赤、青、緑からなるほぼすべての色を見分けることができますが、赤から緑の色については十分な明るさがないと区別しにくいようです。また、赤と茶色など類似した色の区別は明るくてもできないようです。白黒の世界に生きているわけではありませんが、赤と緑は十分に見分けることができません。人でいう「赤緑色覚異常」です。

闘牛場のように十分な明るさがあり、しかも比較的広い場所であれば、赤いマントの赤は赤として見えているはずですが、緑との区別はつかず、それに興奮するとは思えません。

哺乳類の先祖である爬虫類は、基本的に昼型動物で視覚に頼って生きています。網膜にある色を見分ける錐体細胞が4種類あることから4色性色覚動物です。鳥類も同様です。哺乳類は約2億年前の中生代三畳紀に誕生し、恐竜類が滅亡した8〜6000万年前まで、うす暗がりの寒い環境下で惨めな生活を余儀なくされました。この間に、肌寒い環境に適応して恒温性を獲得し、また暗い環境に適応して緑と紫の錐状体細胞を失い、青と赤の2色性色覚動物になったのです。ところが、約3000万年前にある種の霊長類で、赤の錐体細胞に含まれる遺伝子に重複が起こり、これから緑の錐体細胞が再び出現しました。その結果、人類を含む狭鼻猿類は3色性色覚動物になりました。哺乳類は一般に2色性色覚動物で、人類など狭鼻猿類のみが例外的な存在として3色性色覚動物です。

Q 義肢装具を動物に処方した実例について

義肢装具士になるための専門学校に通っています。義肢装具士とは義足や義手、装具を患者さんの身体に合わせて製作する技術職です。義肢装具を動物に処方している実例はあるのでしょうか。幼少のころから動物が好きで、今学んでいることを獣医学の分野へ応用できないものかと日々思っています。

A 動物には義肢装具はほとんど使われていません

動物も様々な疾患、事故などにより足を失うことは決して少なくありませんが、残念ながら義肢はほとんど使われていません。

一般に、四足歩行の動物では、後肢を主に蹴り出す形で歩行および走行します。体を支え、かつ十分な力で蹴ることができれば、通常の歩行と走行は可能です。ところが、前肢に関しては、2本の足が順に位置を変えて接地することでスムーズな歩行が可能になるため、片足を失うとぎこちない歩き方になり、また早く走ることが困難になります。加えて、前肢には体重の60％がかかるため、足を失った当初は立ち上がるのも不自由です。

しかし、犬、猫などの小動物は自分で動きたいという欲求が強いためか、リハビリは非常にスムーズに行えます。当座は飼い主が体を支えながら一緒に歩くなどの工夫をすれば、もちろん個々の例によって異なりますが、1～2週間のうちに筋力がついて歩けるようになることが多いと思います。もちろん非常に太った動物、老齢で他に疾患がありリハビリが困難な動物など、例外はあります。したがって、多くの場合は義肢をつけなくても生活に必要な歩行は可能になります。一方、義肢は動物にとって自分のものではないため、気にしてしまい、舐めたり、かんだり、壊してしまうことも予想されます。特に、自分の体と接している部分がこすれて炎症を起こすと、よけい気にします。したがって、義肢をつける場合、いかに動物が気にしないように装着するか、あるいは慣れさせるかが結構大きな問題であると感じます。工夫次第では、動物も義肢に慣れる可能性が高いと考えられます。

Q 保護動物を用いた臓器移植について教えてください

私は獣医学部の1年生です。日本の保健所では毎日多くの保護された犬猫が殺処分されています。その話を知り、命とは何なのか考え始めました。ただ殺処分されるだけではなく他に活用方法がないかと考えたところ、臓器移植に役立てたらどうかと思いました。殺処分される予定の犬猫からの臓器移植をしている動物病院があれば教えてください。

A 保護動物は飼育背景不明で老齢や病気のものも多く臓器移植に向かない個体がほとんどです

殺処分される犬・猫に心を痛めているあなたは、とても心優しい方なのだと思います。

保健所や動物保護センターなどに持ち込まれた犬や猫の命を安易に断つことについては誰でも反対で、現場で対応している獣医師もこの現実にはとても心を痛めています。行政の努力もあって、平成23年度の犬・猫の殺処分数は17万4742頭と平成16年度の殺処分数39万4799頭に比べ半分以下になっていますが、いまだに多くの犬や猫が処分されているのが現実です。ただ、環境省のデータを見ていただくとわかりますが、最近の犬・猫の返還・譲渡数は飛躍的に増えています（環境省自然環境局　統計資料：犬・猫の引取り及び負傷動物の収容状況）。

ただ、残念なことに、これらの保護動物のうち老齢であったり、病気やひどい怪我、性格に問題ある個体（かみ癖など）など、どうしても譲渡に向かないと判断された動物は処分されています。処分動物の多くは、こういった犬や猫です。また、臓器移植に関しては、ヒトでも同様ですが、免疫が深くかかわっていますので、猫同士あるいは犬同士であっても安易に行うことは難しいと思います。ただ、一時的な輸血などは行われることがあります。また、ドナーとなる個体も健康であることが保証されていないと、移植は難しいと思います。保護された犬・猫の背景はわかりませんし、先ほど述べたように、処分される動物は老齢や病気のものが多いので、臓器移植には向かない個体がほとんどです。

Q 獣医療で用いられた注射器などの処分方法について教えてください

私は学生のころ医療廃棄物についての研究をしていました。先日、その話を酪農家の方にしたところ、動物に使用した注射器や薬瓶の処理についてたずねられました。取り扱いに関する論文や記事を探してみましたが、見つけることができませんでした。動物由来の医療廃棄物はどのように処理されているのでしょうか。獣医師は大学で使用済み器具の取り扱いや処分について学ぶのでしょうか。

A 許可を持つ処理業者に委託します

廃棄物は大きく生活系廃棄物（家庭ゴミ）と事業系廃棄物に分けられ、家庭ゴミは市町村が回収・処理しますが、事業活動に伴う廃棄物は原則として事業者自らの責任で処理しなければなりません。獣医療に伴って発生した廃棄物は事業系廃棄物に該当しますので、廃棄物の種類によって一般廃棄物（紙ゴミなど）と産業廃棄物（金属、ガラス、ゴム、プラスチックなど）に分けて、それらの許可を持った処理業者に委託する必要があります。また、血液や糞尿がついたガーゼやペーパータオルは特別管理一般廃棄物（感染性廃棄物）、注射器などは特別管理産業廃棄物（同）として扱わなければなりません。具体的な分別の仕方は処理業者にお問い合わせください。なお、事業系廃棄物であっても空き箱などの一般廃棄物であれば市町村で受け入れてくれる場合もあります。

動物病院などはこのように業者に委託して処理していますが、一般ゴミの一部は市町村に引き取ってもらって処理しているところもあります。医療系廃棄物の不適切処理が問題になったことはたびたびありますが、「獣医療」に限った問題があったかは承知しておりません。

なお、獣医学教育の中で廃棄物の分類や処理についても学びますので、獣医師であれば獣医療で発生した廃棄物をどのように処理すべきかは知っていると思います。

Q インターネットや通販でフィラリアなどの薬を買ってもよいのでしょうか

偶然見つけたのですが、インターネットで、フィラリアの薬などがたくさん売られていました。インターネットや通販で買ってもよいものですか。

A 副作用も報告されているので獣医師の指導に従ってください

蚊に刺されることで伝播する犬糸状虫症（フィラリア症）は、現在では月1回の経口投薬で予防ができるようになり、この病気にかかった犬を見る機会は少なくなりました。しかしながらこの病気はいったん発症すると完治が困難ですので、病気を媒介する蚊の活動期には毎年予防することが大切です。

予防薬はインターネットの通信販売でも入手できるようですが、副作用も報告されているので獣医師の指導に従うのが安心だと思います。すでに犬糸状虫症に感染している犬では血中にミクロフィラリア（幼若虫体）が、心臓には成虫が寄生しています。このような場合に通常量の予防薬を投与すると、ミクロフィラリアの死滅によるショックや、成虫の死滅による大静脈症候群（犬糸状虫性血色素尿症）などが起こることが知られています。またコリーやシェルティ系の犬は予防薬の成分に対して感受性が高く、通常量の投与でも神経症状を呈して死亡することがあります。毎年予防していても前年の予防が万全であったかを確認するために、春先には動物病院を受診してミクロフィラリア検査や抗原検査をした上で、その年の予防薬を処方してもらいましょう。

Q 動物の輸血について教えてください

動物の輸血用血液製剤は、日本で販売されているのでしょうか。アメリカでは、販売されているようですが、ドナー動物の問題で製造量が限られており、その供給は、数カ月待ちと新聞で紹介されていました。

犬や猫の血液型の判定や、輸血による副作用を防止するための検査は、どのように行われているのでしょうか。

A 輸血用血液の供給体制を整備する必要があります

輸血は医学では重要な治療法であり、これは獣医学でもまったく同様です。しかし、人のような血液銀行は残念ながら日本ではまだ確立されていません。アメリカではいくつかの会社が動物の血液を販売している、と聞いていますが、その実状はきちんと把握していません。しかし、供給が不十分で数カ月待ち、ということは実際の臨床では考えられません。輸血とは緊急に必要となる事態です。したがって、実際は、犬、猫のボランティアグループを作り、もし輸血が必要になった場合もそのグループにお願いし、ドナーになってもらう、という形態をとっているものと思います。

日本では、多くの大学動物病院で、輸血に備えて供血動物を飼っておく、という体制がとられています。これは決してよいこととは思えず、また、その動物たちの健康の維持、ワクチンなどの病気の予防、毎日の散歩、その他の経費や労力も決して少なくありません。きちんとした形で動物の血液供給をしたいと思っています。日本でも過去には犬の血液製剤を短期間販売したことがあったと思いますが、現在は販売する会社はありません。また、販売には当然動物薬としての許可を得る必要があります。

通常獣医学では、血液型の判定には、交叉試験を用います。これはドナー側とレシピエント側の血液の相性を確認するものです。今後、動物の血液型判定の試薬が販売されれば、それらをもとに血液供給システムが日本でも生まれ、輸血がより広く行われると思っています。一方、アメリカなどでは獣医学領域でも代替血漿製剤が使われています。急性の出血であれば、代替剤が十分威力を発揮すると思います。

Q ペットのミニブタに必要な予防接種は何でしょうか

ミニブタ（Pot-Bellied Pig）をペットとして飼い始めました。単独飼いで犬同様に散歩をしています。また、夏にはイノシシの生存地域の山小屋にも連れていく予定です。予防接種、病気の予防的処置としてどのようなものが必要でしょうか。

A 豚丹毒のワクチンはしておいたほうがよいでしょう

豚には感染の恐れがある監視伝染病、法定伝染病などが10以上もあります。屋外で飼育しなければ問題は少ないのですが、野生のイノシシなどが住む場所に連れていくと、これらの病気に感染するおそれがあります。また、飼育地の近くに養豚場がある場合、イノシシから伝染した病気をこれらの豚に感染させることがあります。少なくとも、豚丹毒のワクチンはしておいたほうがよいでしょう。

専門的なことについては、お近くの家畜保健衛生所に問い合わせてください。

Q 北へ渡らず日本に残っているハクチョウが心配です

茨城県に住んでいる者ですが、春になってもハクチョウが北へ帰らずに残っていて心配しています。沼につがいで2羽いたのですが、最近はオスだけしか見かけません。

このつがいは以前頭から血を流していて、またオスは1カ月ほど足を引きずっていたので、怪我をして治っていないのではないかと思います。何か私にできることはありますか。次の冬まで生きていけるのかとても気がかりです。

A 県の鳥獣保護担当者に連絡し怪我の手当てをすることが最適です

日本で観察されるハクチョウ類にはオオハクチョウとコハクチョウがあり、どちらも日本で越冬します。

カモやハクチョウの生態研究が専門の先生にうかがったところ、健全な個体はほぼ間違いなく北帰するそうで、日本に残留する個体は、羽などの怪我によるものが多いようです。

怪我をした鳥が発見された場合、県の担当者が捕獲して獣医師の診察を受け、適切な処置がされたのち、放鳥されるそうです。完全に飛べなくなった場合は日本で一生を過ごすことになります。日本の猛暑は気になるところですが、ロシアの繁殖地でも一時的には30度近くまで上がりますので、暑さに対する耐性はあるようです。また残ったハクチョウは暑いときにはヨシの陰で休んでおり、それなりの対応策は持っているようです。

県の鳥獣保護担当者に連絡して、まずは怪我の手当てを優先することが最適と思います。

Q ベランダに来る鳥に困っています

東京都に住んでいます。最近私の部屋のベランダに鳥が来るようになり、糞を落としていくので非常に困っております。鳥が来ないようにCDをつり下げたり、色々な対処をしたのですが一向に効果がありません。特に巣を作っているわけでもなく、いつも止まりに来ているようです。糞をしなければ特に気になることはないのですが、糞のみ落としていくので、大変厄介です。そのせいで洗濯物も干せないし、玄関を出るとき、時々1階に落ちている糞を踏みつけそうになることがあります。衛生的にもよくないと思います。掃除しようにもすでに固まってしまっている糞を綺麗にするのは大変です。何か鳥を撃退する効果的な対処方法がありましたら、教えてください。

A

よく止まる場所への飛来を防ぐようテグスを張るのがよいと思います

おたずねの件ですが、おそらく、ベランダが安全で周囲を見回しやすく、一時休息として止まるものと思います。

小鳥は、CDなど光るものにはあまり反応しません。カラス類だと変わった物に対しては一時警戒して、その場を離れますが、心理作戦が利かない鳥も多いようです。よく止まる場所への飛来を邪魔するようにテグスを張るのがよいと思います。あるいは、ベランダの軒先からすだれのようなものを飛来経路に向けて下げるのもよいでしょう。

Q 野生動物の売買とエキゾチックアニマルについて

獣医学科を目指している受験生です。密猟した野生動物を売買しているという話を耳にします。エキゾチックアニマルをペットにする人が最近増えていますが、そのことによる自然界への悪影響はあるのでしょうか。また、種の保存のために動物園などで絶滅危惧種の繁殖が進められているそうですが、日本の現状はどうなのでしょうか。

A 野生動物の密猟・売買の防止およびエキゾチックアニマル飼育に関する啓発活動も獣医師の仕事です

野生動物の中には、密猟によって捕らえられ、違法に日本を含む先進国へ売られている（ワシントン条約に抵触）ものがいます。これらの動物は、本来の生息地で個体数を減らし絶滅が危惧されている動物たちです。密猟、違法な移入や商取引、国内での売買などは固く禁止されるべきです。エキゾチックアニマルというのは人により飼育、繁殖された野生動物で、ウサギ、モルモット、ハムスター、フェレットなどが含まれます。本来の生息地からあえて持ち出してまで飼育する必要はないと思っています。アライグマやカミツキガメのように、エキゾチックアニマルとして飼育されていた動物が、飼育者が持て余して野に放ったがために、外来種の侵入・定着・増殖という新しい社会問題を引き起こした例もあり、生態学的にも問題が多いと思います。

とはいえ、持ち込まれた動物には何ら責任がなく、そのような動物が病気を患ったり怪我をしたりした場合には、獣医療を施す必要があります。エキゾチックアニマル専門の病院もあります。このようにエキゾチックアニマルの飼育および臨床技術を高めながらも、そのような動物を増やさないように啓発活動を行うことも獣医師として重要な仕事と考えます。

最近の動物園の役割の一つとして「種の保存」が謳われ、多くの動物園がブリーディング・ローン（動物園同士の動物の貸し借り）などの事業に参画しています。これに関しては、ホームページで「種の保存」をキーワードにして検索すればたくさんの情報が得られます。

Q 現在の産業動物に関する問題点を教えてください

獣医学科を目指している高校2年生です。将来は産業動物を専門とする獣医師になりたいと考えています。そこで質問なのですが、現在の産業動物に関する問題点はどのようなものでしょうか。

A 産業動物獣医師は畜産農家の経営をサポートする役割も担うようになっています

現在、牛、豚、鶏などの産業動物診療に携わっている獣医師は全国で約4000人います。その中で農業共済組合などの団体職員として勤務している獣医師が1800人くらい、残りは個人開業医です。全国的には漸減傾向にあります。農業共済組合組織が充実している北海道、千葉県、山形県などでは多くの獣医師は組合の職員ですが、そうでない県では個人開業医が中心です。毎年、獣医学部や獣医学科を卒業した約1000名のうち80〜90名の方が産業動物分野に進みますが、当初、その大部分は農業共済組合に就職します。

現在、日本では、グローバル化に伴い牛肉、豚肉、鶏肉、乳製品などが外国から低価格で流入しており、国内でもコスト削減を図るために経営規模の拡大、企業化が一段と進んでいます。その流れに適応できない農家もありますので家畜の飼養頭数は漸減しています。そのような状況の中で生き残っている畜産農家は、家畜の疾病を予防するための飼養管理や衛生管理はもちろんのこと、家畜をより効果的に繁殖・育成するための快適な環境整備、従業員教育、生産物の流通まで徹底した経営戦略を追求しています。したがって、産業動物獣医師が畜産農家から求められるものは従来の個体診療技術に加え、付加価値のある畜産物の生産につながる群健康管理技術や快適な環境整備などのコンサルティングまで広範囲に及んでいます。今後、畜産農家が十分な利益を得られる経営を獣医師がいかにサポートできるかが問われるとともに、産業動物獣医師の役割はますます増大していくものと思われます。

Q 実習や臨床の現場で吸入麻酔薬を扱う際に人が暴露する可能性はありますか

大学の実習や、臨床の現場で吸入麻酔薬を扱う際に、人が暴露する可能性はありますか。安全面での配慮はそれぞれの場で異なるため、一概にいうことは難しいとは思いますが、一般的に吸入麻酔薬を扱う手順の中で、暴露の危険性がどのくらいあるのか、可能な範囲で構いませんので、教えていただければ幸いです。

A 暴露を完全に防ぐためには吸入麻酔薬を除去するマスクの着用が必要です

吸入麻酔では、余剰ガス（動物に吸入させた後に余った吸入麻酔薬や酸素、動物が吐き出してきた二酸化炭素）が発生しますが、この余剰ガスを手術室内に漏出させず吸入麻酔器から外部へ排気する装置（余剰ガス吸引装置）があります。この余剰ガス吸引装置が設置されている手術室や実習室では、獣医師や動物看護師などのスタッフ（大学での実習の場合は学生）への吸入麻酔薬の暴露は最小限になります。しかしながら、この装置が設置されていても、次のような場合、スタッフや学生が吸入麻酔薬を吸引する可能性があります。

1 吸入麻酔終了後、動物の吐き出す息の中に含まれている麻酔薬への暴露

2 事前検査の際に、吸入麻酔器に残っていた微量の麻酔薬への暴露

3 吸入麻酔中に偶発的に呼吸回路（チューブ）が外れたとき

4 吸入麻酔器に麻酔薬を補充する際に、誤って麻酔薬をこぼした場合

このような状況を含めて、吸入麻酔薬の暴露を完全に防ぐためには、吸入麻酔薬を除去するマスク（防毒マスク）を着用することが必要です。個人的な経験ですが、アメリカに留学していたとき、防毒マスクをつけて麻酔の実習を受けている学生がいました。

麻酔薬には毒性がありますが、低濃度、短時間の暴露であれば、健康被害に至ることはほとんどありません。ただし、それが度重なると人によっては悪影響があるかもしれません。麻酔薬の暴露は最小限となるように配慮すべきでしょう。

Q 動物への漢方処方について教えてください

薬学部に通う大学3年生です。将来を真剣に考えるうちに昔からの夢であった獣医さんになりたいという思いが強くなり、獣医学部への編入を考えています。私は現在12歳になる犬を飼っているのですが、ずっと薬を飲み続けている状態で、もし自分が獣医学部に進学できたら、薬剤師の知識を生かして動物に漢方を処方できたら……と考えています。動物に漢方を処方している病院はやはり少ないのでしょうか。症状をいえない動物に漢方を処方するというのはかなり難しいことと思うのですが、今後、動物への漢方処方の必要性は出てくるのでしょうか。

A 動物に対する漢方薬を利用している獣医師は多くはありません

何人、あるいは獣医師全体の何%と具体的数値を挙げることはできませんが、動物に対して漢方薬を利用している獣医師は多いわけではありません。比較統合医療学会（元獣医東洋医学会）には約450名の獣医師が所属しており、そこでは漢方薬などに関する研究発表が行われています（比較統合医療学会では漢方以外の研究発表も行われています）。またその他いくつかの漢方の研究会があります。それ以外でも漢方薬を使用する獣医師はいますので、漢方薬を利用している獣医師は多くなっています。ただし、動物専用の漢方薬は少なく、漢方薬を使っている獣医師の多くは人用の漢方薬を使っています。動物でも薬効がわかっているものもありますが、研究段階のものものもあります。自分の経験、あるいは雑誌や学術集会での発表内容などを参考に獣医師が独自に判断して使っている状況です。

漢方薬を使用するもう一つの理由として、飼い主が希望する場合があります。その場合は、使用可能な漢方薬と薬効、西洋薬（一般薬）との違いなどを説明し、飼い主に使用するかどうかを決めてもらっています。

Q 24時間営業している動物病院に興味があります

現在、高校3年生です。私は24時間開いている動物病院に興味があります。夜間には救急医療が必要になると思います。救急医療において大変な点と重要な点は何か教えていただけますか。また、24時間営業の動物病院を開くにはどのような問題がありますか。

A 24時間営業の動物病院では人手や設備が必要です

人医療分野で緊急医療を題材としたテレビや映画があります。ご覧になるとわかるように、まず人手が必要です。緊急獣医療でも、チームワークの取れた訓練された獣医師、動物看護師が必要です。緊急で動物病院に搬送された動物について、いかに手際よく、検査し、処置するかによって動物の生死が決まります。次に必要なものは設備ですが、動物病院の経営を考えると、あまり大きな設備投資はできないところが多いようです。最近大きな動物病院が増えていますが、緊急医療の診療科が独立していないので、緊急医療に適した設備が揃っていないようです。

また、24時間開業の動物病院を開いた場合、緊急医療ばかりでなく、他の診療科も作る必要があります。多くの人手が必要になり、経営上の問題が出てきます。したがって、実際に動物病院を24時間営業しているところでは、夜間は少ない人手でやりくりし、人手が多くなる午前中に処置を持っていくようにしています。また、獣医師がグループを作り、グループ員が交代で夜間診療を行っているところもあります。

もう一つの問題は、病院の場所です。住宅街にある小規模な動物病院では駐車場も狭く、夜間に車で来る人がドアを開け閉めする際の音がうるさいと、近隣住人から苦情が出たという話も聞いています。

Q 伴侶動物獣医療の特徴を教えてください

犬や猫などの伴侶動物に対する獣医診療にはどのような特徴がありますか。教えてください。

A 伴侶動物に対しても高度な獣医療が施される場合が増えています

伴侶動物に対する診療でも、最近は相当な医療費にもかかわらず高度な獣医療を希望する飼い主さんが多くなりました。従来は治療費が高くなることを飼い主さんに伝えると、ほどほどの治療でよいといわれ、治療を途中で打ち切らざるを得ないことが多々ありました。獣医師は飼い主さんに対して十分にインフォームドコンセントを行い、飼い主さんに納得してもらえるような獣医療を行う必要があります。したがって、個人の開業医では手に負えないケースでは、設備が整い高度医療が可能な大学などの二次診療動物病院を紹介する場合が多くなっています。伴侶動物に対する診療では、飼い主さんの了解が得られれば、獣医師が全力で治療に当たることができるという特徴があります。経済的な事項が優先される産業動物獣医療との大きな違いです。

Q 日本の獣医師に求められているもの、足りないものは何ですか

私は高校生です。獣医師に興味がありますが、まだ獣医師のことがよくわかっていません。現在、社会から獣医師に求められているものは何ですか。一方、アメリカと比べた場合、日本の獣医師に足りていないものは何ですか。

A 日本では獣医師になるための教育を充実させなければなりません

獣医師は、伴侶動物の診療、産業動物の健康管理、食品の安全など広範な領域で活躍しています。つまり、動物を通して人の生活を護る職業と考えてよいと思います。したがって、動物に対する愛情は必要ですが、それ以上に、人の生活・福祉にかかわっているとの使命感

が必要です。長時間の手術や夜間の緊急医療を行う体力も必要ですし、多くの事項に的確に対応する必要があるために知力も必要です。獣医療の進歩にも目覚ましいものがありますので、日々勉強を行う姿勢も重要です。私は、日本の獣医師は優秀だと思います。口蹄疫などの感染症が発生した際も程なく清浄化してしまいます。研究面でも欧米に引けをとりません。

日本の獣医に足りていないものは何かとの質問ですが、残念ながら欧米と比べると獣医学教育の質が圧倒的に違います。アメリカの獣医学部では100名近くの教員と多くのサポートスタッフが教育にかかわっています。また、教育設備資材が充実しています。日本の獣医学教育の質を高めるため、現在いくつかの国立大学で共同獣医学部（課程）による教育が始まりましたが、その最終形はまだ見えていません。また、アメリカでは獣医師の専門医制度が確立しています。日本でもそれを目指して色々な試みが行われていますが、まだまだ時間が必要でしょう。最近では、若い獣医師がアメリカで専門医の資格を取って、帰国し、教育や診療に参加してレベルアップが図られつつあります。

Q 日本の獣医学教育にはどのような進歩があるのですか

現在高校生で、獣医師を志望しています。現在世界では、アメリカやカナダといった欧米諸国が獣医療の最先端だといわれていますが、日本の獣医学教育にはどのような進歩があるのですか。

A 国際水準の獣医学教育研究体制の充実が必要です

日本の獣医学教育の現状について私見を交えてお答えいたします。欧米の獣医科大学は学部教育にかかわる教職員数、動物病院の診療に携わる臨床教員数、サポーティングスタッフ数などのいずれにおいても日本を凌駕しており、残念ながら獣医師養成教育内容には質的格差が存在します。とりわけ国立獣医大学においては、現状では社会的要請に即応できる質の高い獣医師を養成するための教育内容が不十分であり、獣医学基盤教育の効率化と強化が求められています。こうした状況を改善すべく、文部科学省に設置された「獣医学教育の改善・充実に関する調査研究協力者会議」において今後の獣医学教育の改善・充実方策に関する議論が行われ、それに基づいて様々な取り組みが行われています。したがって、日本の獣医療に必要なのは、特定の技術というよりも国際水準の獣医学教育研究体制の充実にあるとの認識です。必要な技術などについては、それぞれの大学の状況により異なり、一概にお答えすることは困難ですが、欧米と比べてそれほど遜色はないと思っています。日本獣医師会の獣医学教育改善のサイトなどもご参照いただき、現状をご理解いただいた上で、ぜひとも獣医師になる夢を実現していただき、私達の仲間となって日本の獣医療の発展のためにともに力を尽くしていただくことを切に願っております。

Q 獣医大学での動物実験について教えてください

私は獣医を目指し浪人しています。ただ、大学で行われている動物実験について釈然としないところがあります。私は、実験動物は安楽死してから実験に使うのだと思っていましたが、生きたまま実験に使用する場合もあることを知り胸が痛くなりました。大学ではどんな種類の動物をどのような方法で実験に使っているのか教えてください。

A 動物実験は動物の福祉を配慮して行われています

獣医大学で行われている動物実験には、実習などで行う動物実験と、研究で行う動物実験とがあります。ここでは、主に実習で用いる動物について回答いたします。

まず、大学ではやみくもに動物実験を行っているわけではなく、どうしても生身の動物を用いなければならないことに限って動物を用いています。例えば、簡単な外科手術の実習には動物が生きていることは必ずしも必要ではないため、死体を用いたり、模造品を用いたりしています。

しかし、生きた動物の反応（生体反応）をみる実習では生きた動物が使用されます。麻酔下で動物に何らかの処置を行い、回復を待ってから実験データを取るという実習もあります。これらの場合には、動物がなるべく苦痛を感じないように、また確実に回復するように教員が細心の注意を払って看護します。また学生にも動物福祉の考え方を徹底します。

使用される動物は獣医学の修得のため必要な動物です。これらの実習の計画書はすべて大学の動物実験委員会で厳正に審査され、学長（あるいはその代行者）により承認されています。動物の苦痛に配慮されていない実験は許可されません。

日本に16校ある獣医大学では、実習に健康な動物を使わず、シミュレーターなどの代替法を用いて行く方向性を確認しました。できる限り動物を使った実習を減らしていくというのが世界的な流れです。

Q 牛痘について教えてください

歴史の本を見ていたときに、オランダから牛痘ウイルスを手に入れて天然痘の予防接種をしていたと書いてありました。当時、日本では牛痘ウイルスに感染した牛はいなかったのか疑問に思いました。なぜわざわざオランダから牛痘ウイルスを入手する必要があったのでしょうか。

A 牛痘は昔も現在も日本には存在しません

牛痘の病原体（牛痘ウイルス）は、昔は牛を自然宿主とする病原体と思われていました。しかし、本疾病の発生は特定の国に限られており、牛を自然宿主と考えるには不自然なことが多く観察されました。様々な疫学調査の結果、この病原体の自然宿主はヨーロッパに生息する野生のげっ歯類で、他の動物は野生のげっ歯類を介して感染すること、ネコ科の動物もこの病原体に感染して発症すること、人の発症例を調べると大部分が猫との接触があることなどがわかりました。今でもこの病気の発生はヨーロッパに限られています。

搾乳者が稀に牛から感染することがありますが、むしろ猫を介して感染した人が牛と接触することにより牛に感染させる場合のほうが多いと思われます。猫が直接牛の感染源となるのは特殊な場合です。国内の牛でみられる類似の疾病は、偽牛痘や牛丘疹性口炎で、パラポックスウイルスという別の病原体による病気です。パラポックスウイルスは天然痘のワクチンとしては使用できません。

Q ウサギの嚥下と認知症について

寝たきりのウサギの介助をしています。以前より「飲み込み（嚥下）」が難しくなってきています。そもそも、ウサギの「嚥下」は人と同じ動きなのでしょうか。人はあごを上げてゴックンするのは難しいと思うのですが、ウサギは水入れから飲むときあごを上げてゴックンするのをよく見かけるので同じではないのか、という疑問があり知りたいと思っています。

また、ウサギにも認知症もあるのでしょうか。ある場合、症状やケアなどについて教えてください。

A

あごをあげて水を飲むのはウサギの自然な行動です ウサギの認知症自体の研究はまだありません

ウサギの嚥下についてですが、野山の中でウサギが水を飲む場合は、川辺や水たまりの水に顔をつけ、水を口に含み、顔を起こして飲み込むという一定の動作があると思います。この自然な行動が、あごを上げて飲むという動きにつながっていると考えられます。

また、認知症について、ウサギを用いた認知症関連の研究はありますが、ウサギの認知症自体の研究はなされていないのが現状です。小動物臨床の獣医師は経験的に、高齢のウサギで認知症を疑うような場面に出会うのだと思います。症状やケアに関しては、人の介護ケアや犬猫の介護ケアをもとに勘案し、ウサギに合った方法をご利用いただければと考えます。ウサギの診療に力を入れている小動物臨床の獣医師であれば、ウサギ特有のケア方法についてノウハウを持っていると思います。

詳細については、ウサギを得意とする動物病院を受診し、先生にも現病状を把握してもらい、その上で今後起こり得る症状やケアの方法を相談し、場合によっては一緒に考えていかれてはいかがでしょう。ご長寿を願っております。

Q 猫の認知症について教えてください

15歳になるオス猫がここ1カ月ほど一日中鳴いています。目も見えなくなり肢も思うように動かないようです。自分なりに調べた結果、認知症ではないかという結論に達しました。四六時中鳴いているので夜も眠ていないようです。猫の認知症とその症状の緩和方法を教えてください。

A 猫の認知症の研究は少なく、確定診断は難しいと思います

動物の認知症は①加齢に伴う脳の萎縮（人のアルツハイマー病に近い）、②病気に伴うもの（脳腫瘍、脳炎、脳梗塞など）に大別することができます。

愛猫の症状から判断すると、脳に病気を抱えている可能性が高いと思います。通常、加齢

に伴う認知症では、人でも猫でも脳の神経細胞が少なくなること（脳全体が痩せてくること）で、猫自身が思うような行動（トイレなど）ができなくなります。また、動物でも人と同じように徘徊行動、過食、夜泣きなどの異常行動が出てきます。ただし、「目が見えない」や、「肢が動かない」という症状は出にくいとされています。

脳の病気の診断にはＭＲＩやＣＴスキャンを行い、実際に脳の内側を診てみないとわかりません。こうした症状は脳の病気に関連していることが多いようですが、猫の認知症に関する研究は少なく確定するのは今のところ困難です。検査には全身麻酔が必要となり、費用も高額です。肢の動きや目が見えないことを緩和する薬は街の動物病院でも取り扱っていますので、一度動物病院で直接獣医師に相談されてみてはいかがでしょうか。

Q 犬が飼い主と隔離されたために、精神に異常をきたすということはあるのでしょうか

15年間、1日も手もとから離したことがなく、ケージにも入れたことがない犬をやむを得ず5泊の入院治療に出しました。小康を得ていったん退院しましたが、喜びの極限なのかどうか、何時間かは振る舞いや鳴き声が大変異常な状態でした。再度、さらに長い入院が必要になる事態もあり得るとのことで、そうなった場合、入院させるかどうか決心がつきません。

A 「分離不安」の症状かもしれません

「精神に異常をきたす」という言葉が適切かどうかは難しいところですが、長い間ずっと一緒に暮らした犬が飼い主と離れることによって極度のストレスを感じることは十分に考えられることです。これは人（特に子供）でも動物でも一緒です。動物の行動診療科領域には「分離不安」と呼ばれる病気があり、飼い主と少しでも離れると不安になって吠えたり、物を壊したり、場合によっては震えたり下痢をしてしまったりします。こうした病気は、薬を使いながら不安を減弱化し、飼い主さんとの分離に徐々に慣らすことによって解決していきます。お宅のワンちゃんが入院中に分離不安の症状が出ていなかったのであれば、退院後の興奮状態は、単に飼い主さんに再び会えて嬉しかっただけなのかもしれません。もし入院が過度のストレスを生んでいるようであれば、次回以降の入院時にその対策について、獣医さんとお話するのがよいと思います。

Q 馬のシャックリについて教えてください

飼育している馬は長距離（80キロ）を走ると、シャックリをしはじめます。シャックリは半日ぐらい続きますが、心拍、食欲も変わりがないので、収まるのを待っています。馬のシャックリは命にかかわる重大なことなのでしょうか。また、シャックリが癖になることはありますか。

A シャックリをしていても体温や食欲に異常がなければ問題ないと思います

馬のシャックリは、激しい運動による脱水や電解質バランスの崩壊が原因で、エンデュランス競技馬やサラブレッド競走馬においてしばしば起こることが知られています。この他、授乳、過食、輸送ストレス、低カルシウム血症およびクロツシハンミョウ（虫）中毒も原因といわれています。体全体の震えや発熱を伴うことが多いようです。

原因として脱水、電解質のバランス異常および感染（発熱を伴う）を疑う場合は、そのまま放置すると命にかかわる場合があります。シャックリしていても、体温に異常がなく食欲や飲水欲があり、自力で採食（飲水）できる場合は問題なさそうです。

シャックリの原因の一つに電解質バランスの崩壊がありますので、ナトリウムやカルシウムなどのサプリメントの使用は効果があると思います。しかし、やみくもにサプリメントを使用すると逆効果になることもあるので、他の飼料とのバランスを考えて使用することが大切です。脱水を早く解消するという意味では点滴も有効な解決法となります。

科学的な証拠はありませんが、シャックリが出やすい馬とそうでない馬はいるかもしれません。

発熱がなく、心拍や食欲に異常がなければ落ち着くまで様子をみているだけでよいと思います。シャックリが出ている状態で競技に出ることは馬の負担になります。また、暑い日や湿気の多い日は特に代謝異常を起こしやすくシャックリが出やすくなりますので、そのような環境での運動や競技の場合は、水分や電解質補給に一層気をつけることが重要です。

Q 犬の食物アレルギーについて教えてください

犬では、牛肉・豚肉・鶏肉に比べて、鹿肉はアレルギーのリスクの少ない食品とありました。本当にそうなんでしょうか。アレルギーを起こす食品もお教えいただけたら嬉しいです。

A 犬のアレルゲンはまだ明らかになっていません

ヒトでは、アレルギーを引き起こしやすい食物として、牛乳、卵、ピーナッツ、甲殻類、魚、小麦および大豆などが有名ですが、犬ではまだ明らかになっていません。犬において食物アレルギーを疑う場合、アレルギーの原因物質（アレルゲン）を推定し、それを除去した食物を与えて症状が改善するかどうかを確かめます。これを食物除去試験といいます。羊肉、七面鳥、アヒルまたはナマズなどの肉に含まれる動物性蛋白質は犬にとっても摂食歴が短いため、アレルゲンにはなりにくいと考えられます。鹿肉についても同様のことがいえるでしょう。ただし、科学的根拠は十分ではありません。

食物除去試験によって症状の改善が認められた場合、もとの食事に戻して症状が再発するかどうかを確かめ、再発した場合のみ、食物アレルギーの診断が確定します。診断確定後は、処方食として販売されている低アレルゲン性のフードを与えることが一般的です。低アレルゲン性フードといっても、多くの種類がありますから、どれを選ぶかについては飼い主さん自身で判断せず、必ず獣医師の指示に従ってください。

Q 犬や猫も風邪を引くのでしょうか

我が家の飼い猫がくしゃみをします。風邪でしょうか。犬や猫にも、人と同じような風邪があるのでしょうか。

A 犬や猫にも人の風邪に相当する症状を示す病気があります

猫には、人の風邪に似た症状を示すいわゆる「猫カゼ」というものがあります。これはウイルス性の疾患で、猫の上部気道（鼻やのど）に感染して、発熱やくしゃみ、鼻水、目やに、口の中の炎症などの症状を示します。ひどくなると肺炎を起こします。これは猫ヘルペスウイルスや猫カリシウイルスの感染による病気です。これらのウイルスは単独で感染することもありますが、他の病原体と混合感染する場合もあります。また、猫にエイズ状態を引き起こす猫免疫不全ウイルス（ＦＩＶ）の感染や、猫白血病ウイルスの感染がある場合には、猫カリシウイルスや猫ヘルペスウイルスの感染が慢性化（長引くこと）することもあります。混合感染があると、症状が重く治りにくくなります。さらに、細菌の二次感染が起こると症状はさらに悪化します。発症している猫の鼻水やくしゃみの飛沫の中にはウイルスが多量に含まれており、他の個体への感染源になります。症状が治まった後も、キャリアーとなってウイルスを排泄する猫もいます。これらのウイルス感染症の発症は猫の免疫力に左右され、免疫力の弱い子猫での発症が多くみられます。猫カリシウイルスと猫ヘルペスウイルス感染予防のためのワクチンが開発されていますので、母猫に対する定期的なワクチン接種と、子猫への適切な時期でのワクチン接種が予防に重要です。ワクチンの接種で完全に発症を防ぐことはできませんが、接種している猫では、発症しても重症化を避けることはできます。

犬には、いわゆる「カゼ」とは少し異なりますが、「ケンネルコフ」という持続性の咳を主体とした病気があります。これはウイルスや細菌、マイコプラズマなどの感染による「犬伝染性気管気管支炎」という病気です。集団で飼育されている犬での発症が多く、すべての年齢層の犬でみられますが、特に子犬は重症化しやすい傾向があります。軽症の場合は咳だけで、適切な治療により10日から2週間くらいで治ります。重症になると、発熱や肺炎の症状、食欲低下などがみられるようになり、子犬では発育に影響が出てきます。集団飼育の場合は、発症犬の気管分泌液中に原因微生物が排泄されて環境を汚染し、感染が拡大します。

Q 猫伝染性腹膜炎（FIP）のウイルスを消毒する方法を教えてください

先日、生後8カ月の猫をFIP（ドライタイプ）で亡くしました。動物病院でFIPと診断され、1週間で息を引き取りました。とても寂しくて、新しい猫を飼いたいのですが、亡くなった猫を飼っていた室内に、FIPのウイルスがまだ残っているかが不安です。室内の消毒法を教えてください。

A 消毒用アルコールや次亜塩素酸ソーダの噴霧・ふき取りで容易に不活化できます

猫伝染性腹膜炎（FIP）は、猫コロナウイルス（CoV）の感染によって起こるネコ科動物の病気です。お腹や胸に水が溜まるウエットタイプと眼や神経に病変を起こすドライタイプがあります。ＣｏＶは、免疫という体を防御する仕組みを巧みに利用し、感染してから発病するまでとても複雑な経過をたどります。そのため、ＦＩＰの診断は難しく死後の顕微鏡検査が唯一の確定診断方法です。ウエットタイプは発症すると短期間で死亡してしまいますが、ドライタイプは長い経過をとって比較的長生きできる場合があります。ただし、６カ月未満の子猫の場合は神経症状が起こり、即座に死亡する例があります。動物病院では、血中の抗体価を測定して、症状と照らし合わせながら、診断し治療していくのが一般的です。どんな健康な猫でもＣｏＶに感染していると考えられていますが、ＣｏＶに感染しても必ずしもＦＩＰを発症するわけではありません。ＣｏＶの分離は非常に難しいため、その感染割合は把握できていません。お腹がふくれてきた、歯茎が赤くなって口臭がひどく犬歯が非常に長くみえる、眼の中におかしな状態がみられるという場合は動物病院に相談してＦＩＰの抗体価を測定してもらうとよいでしょう。ただし、抗体が陰性でもＦＩＰを発症する例がありますので、抗体測定の結果はあくまでも参考と考えてください。

ＣｏＶは消毒用アルコールや次亜塩素酸ソーダの噴霧などで容易に不活化します。また、ＣｏＶは糞便中にも排泄されるので適切に処理することが大切です。糞便処理のときには園芸店などで販売されている消石灰をふりかけると消毒になり、ハエなども集まりません。

Q 人の「ノロウイルス」は犬に感染しますか

人の「ノロウイルス」は、犬にも感染するのでしょうか。もし犬にも感染するのであれば、どのような予防を行えばよいのでしょうか。

A ヒトノロウイルスは犬や猫には感染しません

各地で流行しているノロウイルス感染症は、ヒトノロウイルスが人の小腸で増殖して引き起こされる急性胃腸炎です。ヒトノロウイルスは、現在のところ培養細胞での増殖や他の動物への感染が成功しておらず、人が唯一の感受性動物と考えられています。このため、人での流行があっても犬、猫に感染してこれらの動物に流行することはないと言ってよいでしょう。ヒトノロウイルスは経口的に感染し、食品、水を介して感染する他、ウイルスを含む糞便・吐物で汚染された手指を介して人から人へと感染します。食品を取り扱う際には十分な手洗いを心がけ、また衛生管理につとめることが重要です。ノロウイルスに関する情報は国立感染症研究所・感染症情報センターのホームページに掲載されていますので、ご参照ください。

なお、これまでに牛のノロウイルス、豚のノロウイルスなどが報告されています。これらのウイルスはヒトノロウイルスと近縁ですが、これらの動物ノロウイルスが人に感染するという報告はなく、現在のところ人に感染し、流行を起こすのはヒトノロウイルスだけと考えられます。

Q 動物は人より骨折が治るスピードが早いの？

広島県内の大学生です。中学生の弟の学校で飼っているウサギが骨折したらしく、それが話題になったときに「動物って人より骨折の治るスピードが早いの？」と素朴な疑問をぶつけられました。本当でしょうか。確か「ウサギはヒトの3倍早い」と聞いたことがあったのでひとまずそう答えたのですが、「犬とかネズミとかサルとかも？」と色々聞かれて困っています。

A 人より体が小さいウサギは骨折が治るスピードも早いようです

動物種によって骨折の治癒速度が異なるのか、という質問ですね。残念ですが、明確にお答えできる資料を探し出すことができませんでした。そこで、生物学的な視点と臨床的な視点の二つに分けて、私なりの意見を述べさせていただきます。

まず生物学的な視点です。動物の体の大きさは、その寿命をある程度規定しているようです。細胞個々の大きさは、動物種による違いがほとんどないので、体の大きさは、それを構成する細胞数の違いであるといえます。例えば、象が大きく成長するのに費やす時間は、マウスとは比べようもなく長くなります。逆に、体の一部が傷ついた場合、それを修復する細胞の能力は同じなので、大きな傷ほど修復に時間がかかります。ウサギは人より体が小さいので、骨折の範囲も小さく、人に比べて治るスピードが早いのだと考えられます。

次に、臨床的な視点です。ウサギの場合、骨折整復治療法の選択肢は多くありません。また治療期間中には骨折部を動かさず、かつ適度な力が加わることが必要ですが、ウサギを長期間の固定することは困難なため、骨折整復は決して容易なものではありません。

まとめますと、折れた骨と骨の距離が短いウサギのような小型動物は、人など身体の大きい動物よりも骨折治癒は早いと思いますが、体が小さい分、固定が困難なので整復はかえって難しいということです。同一条件で比較した資料が見つかりませんでしたので、経験に基づいた私見を述べました。

Q 犬の脳梗塞の治療法とCTやMRIの普及について教えてください

現状では犬猫の脳疾患に関する医療の現状は人間に比べてまだまだだと感じたのですが、今の獣医業界において、犬の脳梗塞には、どのような治療を行っているのか、また、CTやMRIの普及について教えてください。

A 大規模な動物病院ではCTやMRI装置を導入するところが増加しており、多くの病気が診断可能になりました

動物医療は人の医療のように専門分化が進んでいませんが、各分野（外科、内科、神経、循環器、眼科、血液、皮膚科など）の研究会、学会ができてからかなりの時間が経っています。

ホームドクターが的確な専門科病院を紹介する分業体制に少しずつ以降している段階と考えられます。

犬では脳梗塞はほとんど起こりませんので治療することもありません。中枢神経（脳と脊髄）疾患の診断はMRI検査の導入により画期的に進歩しました。獣医大学でもMRI装置を導入するところが増加しています。すべてではありませんが、かなり多くの病気が診断できるようになりました。病気の正確な診断ができれば、適確な治療も可能になります。脳の病気を診断するために二次診療施設である大学附属動物病院や大規模な総合動物病院を利用することも一法かと思います。ただし、ホームドクターからの紹介が必要です。

Q 野兎病について教えてください

プレーリードッグが野兎病に感染した場合、急激に発症して死亡するため、生存している個体については特に心配がないとのことですが、本当でしょうか。また、感染性動物に犬や猫の記載がありましたが、日本でもこれらの動物で感染を疑う必要がありますか。

A 現在日本で生存しているプレーリードッグについては野兎病の心配はありません

野兎病は、野兎病菌（*Francisella tularensis*）という細菌が原因となって起こる発熱性疾患で、致死的にもなる人獣共通感染症です。日本でも、特に東北地方で古くから知られていた感染症ですが、近年は非常に稀になりました。一方、アメリカでは毎年200人程度の野兎病患者が発生しています。自然界では、野兎病菌はマダニなどの吸血性節足動物が媒介して、主に野生のノウサギやプレーリードッグなど、げっ歯類の間で維持されています。発生地域では通常、野生のウサギと接触した際や、感染性のあるダニなどに刺された際に人への感染が起こります。

２００２年の夏、アメリカの動物卸売施設で、捕獲されたプレーリードックに野兎病が発生し、多くの動物が死亡しました。一般に、プレーリードックで野兎病が発生すると、急激に広がり致死的になるといわれています。このため、日本では２００３年にプレーリードックが輸入禁止となりました。２０１７年８月現在は、輸入禁止以前に移入され国内で繁殖された動物のみがいるものと考えられます。抗体検査などを行わないと野兎病菌感染の有無を判定することはできませんが、上述のような経緯から、国内で現在生存しているプレーリードッグについては感染の心配はないと考えられます。

日本では法律により、人の野兎病については診断した医師が、また馬、緬羊、豚、イノシシ、ウサギの野兎病は診断した獣医師が、届け出を義務づけられています。人では２００８年に５件、２０１４～15年に３件の発生が報告されています。

犬や猫も野兎病菌に感受性ですが、国内での発生はほとんどないことから、発生地域で野生動物と接触して帰国したなどの事実がない限り、それほど心配する必要はありません。

Q 猫エイズの薬はないのでしょうか

人のエイズ治療薬を猫に投与している動物病院などはないのでしょうか。最新の猫エイズ治療を受けられる病院を教えてください。

A 猫のエイズの薬は研究段階です

猫エイズは猫免疫不全ウイルス（ＦＩＶ）の感染によって起こります。ただし、感染していてもエイズの状態にあるとは限りません。したがって、それぞれの症例の病状に即して治療を考えることが重要と思います。人のエイズ治療薬である逆転写酵素阻害薬やプロテアーゼ阻害薬の一部はＦＩＶに対しても有効であることがわかっています。しかし、これらの薬剤の猫への使用はまだ研究段階にあります。東京大学の獣医内科学研究室では、このような薬剤を用いた猫エイズの治療に関する研究を行っていますが、実際の臨床例に使用するまでにはもう少し時間がかかりそうです。東京大学附属動物医療センターでは多くのＦＩＶ感染症例の治療を行っていますので、各々の症例にあったアドバイスをすることは可能です。

Q 「鳥インフルエンザ」について教えてください

2001年に香港で発生した「鳥インフルエンザ」について詳しく教えてください。

A 2001年に香港で発生した家禽のH5N1インフルエンザは家禽類の全処分により鎮圧されました

香港では1997年に鶏と人のH5N1インフルエンザが発生し、150万羽の家禽を処分してこれを清浄化しました。以来、家禽の小売りと卸売りマーケットおよびガチョウとアヒルの処理場で月一回ずつ検査を行いましたが、2万8000サンプルについてH5N1ウイルスは陰性でした。ところが2001年4月に家禽小売りマーケットの鶏からH5N1インフルエンザウイルスが分離されたことから、未同定であった過去の分離株を遡って調べた結果、2001年の2月にはH5N1ウイルスがマーケットに存在していたことがわかったのです。

2001年5月中旬には、最初にH5N1ウイルスが分離された小売りマーケットで鶏の死亡率が高くなったので、マーケットの鳥を殺処分することが決定されました。

その後間もなく、他の小売りマーケットでも少数ですが、鶏が死亡しました。香港の農業水産食糧庁がこれらの死亡鶏と他のマーケットの鶏からH5N1ウイルスを分離したため、すべての家禽の輸入停止と香港の全小売りマーケットのすべての鳥の殺処分を決定しました。また、家禽を処分したマーケットには残存ウイルス検出ため、センチネル（見張り役。感染をモニターする）の鶏を配置しました。

その後、ウイルスが検出されなくなったため2001年6月中旬に小売りマーケットの営業が再開されました。

今回、H9N2ウイルスとH6N1ウイルスが小売りマーケットのウズラから分離されていたことにも注意すべきです。いずれも1997年のH5N1高病原性ウイルスに遺伝子を供給したウイルスだからです。

獣医師の仕事

chapter 2

Q 動物の薬剤師としての雇用はあるのでしょうか

薬学部の学生です。薬学部を卒業して、動物の医療現場に直接かかわれる仕事というものはあるのでしょうか。例えば、動物病院で働く動物の薬剤師など……。どのような仕事があるのか、教えてください。

A 大きな動物病院や大学の附属動物病院などで、薬剤師を雇用する場合もあります

獣医師は医師と同様、薬剤処方ができるので、多くの個人病院では、獣医師が薬剤の処方をしています。したがって、現在、薬剤師が動物医療の現場で働いているところはあまり多

くはないと思います。

しかし、大きな動物病院、大学の附属動物病院などでは、最近は薬剤師を雇用することがあります。来院する動物数が増加しており、動物看護師、薬剤師などとの連携によって、より効率的に診療を行うためです。将来、動物病院での薬剤師の雇用は増加すると思われますが、その場合には、動物の病気、処方すべき薬剤や用量などについて、薬剤師が勉強する機会が増えるかもしれません。

Q 傷ついた野生動物を治療する仕事に就きたい

私は将来、傷ついた野生動物を治療する、傷病鳥獣救護活動に関係する仕事に就きたいと考えています。しかし、こういった活動は皆ボランティア活動だと聞いて驚き、また感動しました。このような活動には、一般の開業獣医師も参加できますか。

A 野生動物の救護活動について具体的にお答えします

今回の質問の内容は、**1** 野生動物の救護は職域として存在するのか **2** 一般開業獣医師でも救護活動への参加は可能か、ということですね。自治体により委託された一般の動物病院や動物園・大学などの動物病院により、傷病鳥獣の救護が実施されますが、その場合、治療費が満額支払われることは稀です（中には北海道のように自治体が治療費の一部補助を行っているところもあります）。また、自治体からの救護業務の委託を得るために、ボランティアに各都道府県の獣医師会などが主催する救護講座などの受講を義務としているところもあるようです。救護活動の参加や補助などについては、開業される予定の都道府県獣医師会に問い合わせるのが一番でしょう。もし、要領を得られないようでしたら、動物園や都道府県庁の自然保護関係のセクションなどに問い合わせることも可能でしょう。

質問への回答は以上ですが、この機会に、傷病鳥獣の救護活動について眺めてみましょう。まず、ここで紛らわしい単語、保護管理と愛護運動を整理しましょう

保護管理：生物多様性の保全・持続的利用などをゴールにしたもの。例えば環境収容力を越えた個体群の間引きや移入種の排除など。

愛護運動：人道的・慈しみを動機にしたもろもろの活動。心の満足がゴール。一切の人為的な殺戮を認めないことが普通。

救護活動：基本的には、愛護精神から出発した活動。したがって、安楽死を含め一切の殺戮

を認めていない獣医師と保護管理の担当者との論議のずれが生ずることがある。

ところで、救護活動の原因となる野生動物の人為的な死亡要因にはどのようなものがあるのでしょう（藤巻、1993など）。

1狩猟・駆除：1年間に鳥類が約600万羽と哺乳類約60万頭が狩猟・駆除されている

2人の生活域での事故（交通事故・衝突など）：記録のあるところでは、高速道における事故は約1万7000件／年など

3人為的導入種による捕殺：実数不明

4農地・漁場での事故：刺網、延縄、流し網などでの混獲で1年間に数十万羽？

5中毒（鉛・農薬・重油など）：一部除き実数不明

などが大きなところです。

このうち、どのような動物が救護されているのでしょう（羽山、1996）。1年間に救護される野生動物として、自治体が把握しているのは約2万件で、70％以上が鳥類で普通種です。最終的に野生に復帰できるものは、そのうち約20％です。しかし、復帰した個体について、追跡調査がほとんど行われていないので、どの程度が生き残っているのかは、ほとんど不明です。また、野生動物の保護増殖をゴールとした場合、野生復帰させた個体が、繁殖に

参加しなければなりません。そのような解析も現状では不可能に近いでしょう。

救護活動の意義としては、**1**（死体から）死因の解明、**2**救護個体から生物学的・獣医学的基礎情報を得る、**3**野生復帰できない個体を用い環境教育を行う、などが考えられます。そのためにも、基礎応用を含めた獣医学研究者や博物館・学校などとの連携が求められています。なお、野生復帰させた救護個体も、時には以下のような問題をもたらす場合が指摘されています。

1遺伝子・種・生態系各レベルでの多様性の撹乱：移入種（あるいは亜種）の放逐、在来種であっても地理的にかけ離れた地域由来の動物を放すことなどは、遺伝子の拡散につながる

2自然界への病原体拡散：治療に用いた抗生物質により生じた耐性細菌や院内で感染したウイルスなどが自然界に広がる

このようなことが顕在化した場合、せっかくの好意ではじめた救護活動が、社会的批判の的になる可能性があります。最悪の場面を防止するためにも、やはり、獣医学会全体でバックアップする必要性が指摘されています。

〈文献〉藤巻裕蔵（1993）野生動物の保護と救護を考える　北海道獣医師会誌、37：119─123.
羽山伸一（1996）野生動物救護の意義と問題点、野生動物救護ハンドブック、文永堂出版、東京：2─26.

Q 医師をやりながら獣医学に携われますか

私は高校2年生です。将来、医師になるか獣医師になるかとても迷っています。医学部医学科を卒業し、医師の道を進みながらも、獣医学にかかわっていくことはできますか。特に海に生息する生き物に興味があります。

A 医師も獣医師もそれぞれ国家資格が必要ですが、果している役割は大きく異なります

医師の道を進みながらも獣医学にかかわっていくことは、趣味の世界では可能なのかもしれませんが、中途半端な感じがします。医師も獣医師もそれぞれ免許（国家資格）が必要で、果している役割は大きく異なっています。どちらも専門性が高く、また、人や動物の生命に

直接かかわる職業なので、いずれもプロフェッショナルとして社会から求められる責任は極めて重いものがあります。あなたが今、漠然と考えている、医師として働きながら、海に生息する生き物にかかわっていくということが具体的にどのようなことをイメージしているのかはよくわかりませんが、生命にかかわる仕事に携わるためには、その専門性（知識・技術）を十分に身につけることが重要なことだと思います。

ご存知の通り、医師は医療や保健指導を通じて、国民の健康を守ることが主な仕事です。一方、獣医師は病気になった動物の治療のみならず、私たちが日ごろ食べている肉や卵、乳製品などの畜産食品の安全性確保にかかわる仕事も行います。また、医師と獣医師がお互いの専門性を補って社会に貢献している分野もあります。例えば、人と動物が共通にかかる感染症の研究や予防、薬の開発や研究の仕事などです。

本当に自分がどの道を極めたいかをじっくりと考え、将来の進路を選んでほしいと思います。

Q 獣医学の知識を使う宇宙関係の仕事はあるのでしょうか

現在、獣医学科に所属している大学生です。私は獣医学だけでなく、宇宙のことにも興味があります。獣医学の知識を使う宇宙関係の仕事はあるのでしょうか。

A 獣医師は宇宙ステーションなどで行われる動物実験を通して宇宙開発に深くかかわっています

今まで、日本では宇宙開発機構（ＪＡＸＡ）が中心となって、スペースシャトルや国際宇宙ステーションなどを利用した様々な動物実験が行われてきました。例えば、メダカやイモリの卵を用い、無重力下で脊椎動物の胚は正常に発生できるのかを調べる実験、キンギョの姿勢反射を利用し、宇宙飛行士の多くがかかる宇宙酔はどのようなメカニズムで起こるかを検討する実験、またトランスジェニック・メダカを用い低重力環境で破骨細胞が活性化するメカニズムはどうなっているのかを解析する実験などが行われてきています。さらに最近では、より人に近いモデル動物としてマウスを用いるための飼育装置の開発も進んでおり、マウスを宇宙で飼う実験も始まっています。

宇宙は人類がいまだ経験したことのない環境です。そのため動物実験で安全性を十分検証した後に、人を送り出す必要があります。そういった意味では、動物実験は今後も必要であり、獣医師もこのような実験を通して宇宙開発に深くかかわっています。また、上記のような実験を自ら立案し、研究者として積極的に宇宙開発にかかわることも十分考えられます。

また、このような動物実験が適正に行われるように、大学などと同様にJAXA内でも動物実験計画書の審査が行われています。そのような場面にも多くの獣医師がかかわっています。

Q 畜産業において獣医師に求められていることは何ですか

私は獣医学科を志望している者です。以前、宮崎県で口蹄疫が発生した際に、主に公務員獣医師が対処に当たったという話を聞きました。以来、獣医師として畜産の場で臨床に携わりたいと思うようになりました。現在畜産業において問題となっていることにはどのようなことがあり、獣医師には何が求められているのでしょうか。

A 獣医師は動物のみならず人の健康や公衆衛生を介して畜産業にも積極的にかかわっています

獣医師法の第1条（獣医師の任務）には、「獣医師は、飼育動物に関する診療及び保健衛生の指導その他の獣医事をつかさどることによって、動物に関する保健衛生の向上及び畜産業の発達を図り、あわせて公衆衛生の向上に寄与するものとする」と明記されています。家畜、ペット、野生動物など様々な動物と人が密接にかかわっている現代社会では、それぞれが相互に影響を及ぼしあい、複雑な関係を構築しています。また、グローバル化した現代社会においては人々の移動や物流の活発化に伴って、人、動物、食糧などが極めて短時間のうちに移動・流通するため、それらが媒体となる感染症の防疫体制の確立が極めて重要となります。このような社会情勢から、適正な人と動物との相互関係、適切なリスク管理、人獣共通感染症の制御、感染症以外の疾病制御には、これまでのように個々の専門分野が独自に対応するのではなく、医学や獣医学を含む多分野の専門家が連携して問題解決に当たる必要性があるという「One World, One Health」という概念が広く提唱されています。したがって、獣医師は広い視野に立って、動物の健康のみならず、人の健康や公衆衛生にも目を向け、積極的にかかわっていく必要があります。

そのような意味で、牛、豚、鶏などの産業家畜の診療も獣医師の重要な仕事の一つです。これらの動物の診療は、全国農業共済組合の獣医師あるいは個人診療の獣医師により行われます。また、畜産分野で働く公務員は、家畜伝染病の予防やその発生、蔓延を防ぐ仕事をしています。

Q 女性獣医師の出産育児後の職場復帰について教えてください

これから獣医大学入学を目指す者です。入る前からで大変申し訳ないのですが、獣医師の出産育児後の復職について教えてください。個々の動物病院によって様々でしょうが、獣医師は、一度現場を退いても復帰できるものなのでしょうか。

A 女性獣医師が働きやすい環境の整備も計画・実行されています

獣医師の活動分野は小動物（伴侶動物）診療の他、産業動物診療、公衆衛生、獣医学教育・研究など様々な分野があり、それぞれの領域で女性獣医師も活躍しています。また、獣医大学の卒業者の約半数が女性です。適切な獣医療を提供するためには、男女の区別なく獣医師の確保が必要ですので、今後増えると予想される女性獣医師には一層の活躍が期待されています。そのため、公務員や民間企業などですでに整備されている産休・育休制度の他、出産などで一時的に休職する場合や育児期間中の人的支援のための制度など、女性獣医師が働きやすい環境の整備も計画・実行されています。

小動物診療などに従事する女性獣医師の中には、出産後復職する際にパートタイム勤務を選択する方もいます。出産、育児など自身の生活サイクルに合わせて勤務形態を変えて仕事に就くことは、職場の理解があれば、さほど特別なことではないようです。

日本獣医学会も男女共同参画学協会連絡会に加盟し、科学技術の分野において、女性と男性がともに個性と能力を発揮できる研究環境作りとネットワーク作りに取り組んでいます。

Q 獣医師の能力を活用できる国際機関について教えてください

獣医大学進学を目指している学生です。大学卒業後、国際機関で働きたいと思っています。獣医師の資格を取り、獣医学をできるだけ活用できる国際機関で働きたいと思います。そのような国際機関にはどのようのものがあるのかぜひ教えてください。

A OIE、FAO、WHO、WTOなどの国際機関があります

国際獣疫事務局（OIE）は国連の関連機関ではありませんが、フランスのパリに本部を置く国際組織です。OIEの活動は、獣医学知識の収集・分析および広報、専門的知識・技能の提供と世界の獣畜・家禽などの疾病の制御に関する国際的協力の促進、動物と動物由来

の生産品の国際取引に関しての衛生基準の策定による世界的取引の衛生安全の保障などです。

国際学術研究センターの一つに、国際家畜研究所（ＩＬＲＩ）があります。本部はケニア国ナイロビ市に設置され、分子レベルの先端的研究だけではなく、途上国における貧困緩和を推進するための小規模略農業の推進など畜産農家の生活向上に直接役立つ応用研究にもかかわっています。

その他にも獣医師としての能力が活用できる国際機関はいくつかあります。国連の専門機関である国連食糧農業機関（ＦＡＯ）では、家畜伝染病の予防やコントロール事業を各国政府と協力して実施しています。同じく国連の専門機関である世界保健機構（ＷＨＯ）では獣医公衆衛生分野（狂犬病など）でＦＡＯと同様、技術普及や予防事業を推進しています。また、政府間機関である世界貿易機関（ＷＴＯ）では、動物由来製品などの輸出入に関連した活動を行っています。

上記の機関に正規職員として継続して勤務することも可能ですが、数年の契約で勤務している日本人職員も多数います。また、農林水産省に獣医職として入省し、上記の国際機関へ数年、出向されている方々も多数います。

Q 日本での動物病院の開業について教えてください

私は日本人で、オーストラリアの獣医学部を卒業し、現在オーストラリアで勤務獣医師をしています。将来日本で開業をしたいと考えていますが、日本の獣医関係者とのつながりがないと開業は難しいのでしょうか。また、日本の国家試験のための参考書や問題集はどのようにして手に入れればよいでしょうか。

A 日本の獣医師免許を有していれば開業することができます

日本で動物病院を開業するには、獣医師免許を有する者が獣医療法第3条に基づく「診療施設開設届」を都道府県知事に提出すれば開業することができます。診療施設でエックス線を使用する場合は、エックス線装置の概要およびエックス線室漏洩放射線測定報告書の提出を求められます。届出事項に関して「飼育動物診療施設立ち入り検査」が行われ、不備な点があれば改善が求められます。診療施設に動物を保管（入院や預かり）する場合、各都道府県の「動物の愛護及び管理に関する条例」に基づき、保健所に「動物取扱業届出書」を提出するのが望ましいと考えます。開業するに際して獣医師会に加入すれば他の開業獣医師との円滑な連携が保てると思います。入会は都道府県獣医師会へ申し込みます。

残念ながら獣医師国家試験のための特別な参考書はありません。各獣医大学にそれぞれの科目をまとめたプリントがあり、受験者はこのプリントと教科書で勉強しているようです。また、獣医師国家試験に特化した予備校もあるようです。過去の獣医師国家試験問題は、農林水産省のホームページに公開されています。

Q 動物にかかわるための資格について教えてください

私は動物と環境との関係、動物の行動・生態・体の構造、基本的な診察・治療などの知識・能力を得たいと思っています。どういった勉強をすればよいのか、また、学べる大学があれば教えてください。食品衛生管理者、食品衛生監視員、家畜人工授精師、動物看護師の資格についても教えてください。

A 動物の診断・治療について学ぶことができるのは獣医学部（学科）だけです

動物の診断・治療について学ぶことができるのは獣医学部（学科）だけで、国公立11大学、私立5大学に獣医学部（学科）が設置されています。動物の生態や行動については理学部の生物系学科や農学部の動物系学科などでも学ぶことができます。関係大学のホームページなどでどのような教育・研究を行っているか調べてみるとよいでしょう。

食品衛生管理者は食品などの衛生管理を行う資格で、ある種の食品製造業で設置が義務づけられています。食品衛生監視員は保健所などで食品製造業や飲食店の指導を行う者（公務員）です。どちらも大学で獣医学、畜産学、農芸化学などを専攻したことが資格要件になります。家畜人工授精師は牛などの繁殖を行うために人工授精を行う者で、都道府県が行う講習を受けて試験に合格すれば、資格を取得することができます。なお、獣医師または家畜人工授精師でなければ、人工授精を行うことができません。

動物看護師は公的な資格ではなく、これまでは専門学校や学会など、いくつかの団体が独自の基準で認定を行っていました。しかし、現在は「一般財団法人日本動物看護師統一認定機構」が試験を行い、動物看護師の認定を行っています。動物看護師を養成するための専門学校や大学で学び、認定機構の試験に合格することが必要です。

Q 動物用医薬品研究に携わりたい

私は高校2年生で、将来動物用医薬品研究に携わりたいと思っています。動物用医薬品の研究・開発をしている会社・企業は、日本にありますか。また、そのような会社の研究職に就くにはどのような大学でどのような学部・学科に進学すればよいでしょうか。

A 動物用医薬品の研究職には獣医学部、薬学部、生物系学部出身者が就いています

まず、動物用医薬品のことについて簡単に説明します。日本で売られている動物用医薬品の数は約3000にもなります。牛や豚などの産業用動物用のものから、犬や猫など伴侶動物用のものまで様々です。その中には、動物だけに使われる特殊な薬もありますが、多くの

薬は人で使われる薬とほとんど同じ成分です。特に犬や猫で使われる薬の大部分は、人用に開発された薬そのものを転用しています。動物用医薬品の開発を行っている会社は多く、製薬メーカーの約半数は規模はともあれ何らかの形で手がけています。獣医師は動物に関する幅広い知識を持っているため、製薬企業の研究所の様々な分野で活躍しています。人用の薬のマーケット規模は動物用に比べて数十倍にもなるため、製薬企業で働く獣医師は人用の薬の開発に携わる者のほうが圧倒的に多いことを知っておいてください。したがって、動物用の薬の部署を希望して製薬企業を受験しても、総合製薬メーカーの場合は必ずしもそこに配属されるとは限りません。動物薬が専門の会社もあり、そこに働く研究者や開発担当者の大部分は獣医師です。

動物用医薬品に関する研究職に就くには、獣医学部（学科）で学ぶのが最も近道だと思いますが、薬学部や他の生物系学部出身者もいます。

Q 国家公務員の「検疫官」について教えてください

獣医学科を目指している高3の女子です。私は空港で働く国家公務員の「検疫官」になりたいと思っています。検疫官の仕事は輸入動物の衛生管理などという漠然としたイメージしかありません。そして、検疫官になるには獣医師の免許が必要だということぐらいしかわかりません。検疫官になるまでの道のり、検疫官の詳しい職務内容、需要などを教えてください。

A 「家畜防疫官」は動物感染症の日本への侵入、海外への拡大を防ぐ業務を行っています

空港で働く検疫官には、人を対象とする「検疫官」の他に、動物や植物の検疫を担当する検疫官がいます。特に動物や畜産物の検疫を行う者は「家畜防疫官」と呼ばれます。ご質問の検疫官はこの家畜防疫官についてであろうと思います。

家畜防疫官は、外国から輸入される動物や畜産物を介して感染症が日本へ侵入するのを防ぐとともに、動物や畜産物の輸出に伴い海外へ動物の感染症が拡がることのないように検疫業務を行います。そのための役所を動物検疫所といい、各地の空港などに置かれています。また、動物検疫所では輸入される犬や猫による狂犬病の侵入を防ぐなど、人獣共通感染症にかかわる仕事も行っています。家畜防疫官は平成28年現在全国で413名いて毎年増加しています。家畜防疫官のほぼ半数が獣医師免許を持っています。動物の検疫業務には獣医師の資格が必要ですが、畜産物の検疫には獣医師の資格は必要ありません。

家畜防疫官は、「家畜伝染病予防法」に定められた職名で、任官には農林水産省が行う獣医系技術職員採用試験もしくは畜産技術系職員採用試験に合格する必要があります。

Q ペットのストレスを解消するための勉強をするにはどうすればよいですか

獣医師を目指す受験生です。私は将来、ペットのストレス解消を中心とした獣医療を行いたいと思っています。現在の日本ではこのような分野はどうなっていますか。また、このような研究をしている大学・大学院はありますか。

A 大学の「動物行動学」という科目で学ぶことができます

ペットのストレスを解消するという勉強は「動物行動学」という科目で学ぶことができます。

日本の大学で「動物行動学」の講座が初めて設置され、実質的な活動がスタートしたのは平成3年度（1991年）のことでした。現在、「動物行動学」は獣医学教育モデル・コア・カリキュラムの科目の一つであり、日本の国公立、私立のすべての獣医大学で学ぶことができます。「動物行動学」の教科書も出版されています。「動物行動学」に関する研究については各大学のホームページなどで調べてみてください。

Q 獣医師は動物実験をどのように考えているのでしょうか

私は、獣医師は動物が好きで、動物を病気から救うことが仕事だと思っていました。私は現在、動物実験について研究していますが、獣医師は動物実験をどのように考えているのでしょうか。

A 獣医師の仕事は動物の健康を守ることで、人が動物を利用するためのお手伝いをすることです

国内外には動物実験はいかなる理由があろうとも悪であると考えている方々がおられます。一方、治療法の見つかっていない難病に罹患している患者さんやその家族、そのような病気の治療法を研究している医学・薬学研究者などは難病の解決のためには動物実験はなく

てはならないものだと考えています。これらはその人達の置かれた立場による考えまたは信条であり、どちらが正しくどちらが間違っていると断定できるものではないと思います。

一方、獣医師は元来、動物の健康を守り、動物を人の役に立てるための職業です。牛や豚の病気の治療をするのは、これらの動物が病気にかかると生産性が落ち、畜産業に大きな打撃を与えるからです。また最近問題になったBSEのように家畜の病気が人にうつってしまうこともあります。獣医師は食の安全を守り、人の健康を守るために家畜の診療をしているわけです。最近は伴侶動物（ペット）の診療を専門とする獣医師が増えてきており、一般の方々の多くはこれがもっぱら獣医師の仕事と思われているようです。しかしながら、本来獣医師は動物の健康を守ることで、人が動物を利用するためのお手伝いをしている職業だということをご理解ください。

このように考えると、医療・獣医療の発展や医薬品の開発のために飼育されている実験動物は家畜の一種であり、その健康を守るのもやはり獣医師ということになります。健康に留意されない実験動物を使って行った実験は正しい結果を導きません。その実験が無駄になってしまいます。したがって、実験動物専門の獣医師は実験動物の健康を守ることで、正確な実験結果を出すこと、それが有効な医療や医薬品の開発につながることに貢献しています。

Q 獣医学の歴史について教えてください

私は獣医学部を目指す受験生です。「獣医師＝伴侶動物（ペット）のお医者さん」というような考えしか持っていませんでした。しかし、獣医学とはもともと牛などの産業動物のために作られた学問だということを最近初めて知りました。そのような獣医学の歴史や、現在の産業動物の獣医師の活動とはどのようなものか知りたいのですが、教えていただけないでしょうか。

A 獣医学がカバーする領域は広く、各時代における社会の要請に従い変わってきました

日本の近代獣医学は明治元年にドイツから導入され、第二次世界大戦の終結まではもっぱ

ら軍事的立場から馬に関する伝染病や臨床に関するものが中心でした。しかし、終戦後は兵役用の馬の需要がなくなり、さらに社会情勢と食糧事情の変化によって、獣医学の主な対象は馬から牛、豚、鶏などの産業動物へと変化していきました。さらに、畜産動物の飼養形態の変化に伴って、急性感染症に加えて従来あまり問題とされていなかった日和見感染症や慢性疾患などが多発し、それらの問題を解決することが課題となってきました。

また、人獣共通感染症、食品衛生、環境衛生などの公衆衛生の分野は獣医学における大きな柱であり、BSEやO157などの問題解決に多くの獣医師が貢献しました。また、近年では伴侶動物の臨床が大きく発展し、さらに野生動物分野ならびに地球生態系保全に関する研究も活発になされています。このように獣医学がカバーする領域は広く、そのときの社会の要請に従い変遷しています。獣医学の歴史については、日本獣医学会や日本獣医師会のホームページも参考になると思います。また、「獣医学概論」（池本卯典／吉川泰弘／伊藤伸彦監修／緑書房）の教科書は獣医学の歴史に1章分をさいています。

獣医学などの歴史を研究している日本獣医史学会という団体もあります。ホームページがありますので、興味がありましたら、参考にしてみてください。

Q 動物看護師になるにはどうしたらよいですか

私は工学部で学んでいる大学生です。現在、高校2年生女子の家庭教師をしています。その子は動物看護師を志望しており、それに対するアドバイスを求められています。しかし、なかなか情報が集まりません。動物看護師の職に就くには資格が必要でしょうか。大学や専門学校はあるのでしょうか。その他、どのような情報でも構いませんので、教えてください。

A 日本動物看護師統一認定機構の試験に合格し、動物看護師の資格をとってください

動物看護師になるには、まず動物看護師養成の課程がある大学または専門学校に入学し、動物看護について学んでください。日本動物看護師統一認定機構（認定機構）では動物看護師が学ぶべきコア・カリキュラムを設定し、その実施状況により動物看護師認定試験の受験可能校（専門学校・大学）を公表しています（詳細は認定機構のホームページをご覧ください）。それを参考に、よい学校を選ばれるとよいでしょう。これらの学校を卒業後、認定機構が行う認定試験を受験し、合格すれば動物看護師の資格が取得できます。

Q 日本でPublic Health（公衆衛生学）のインターンシップを行っている組織を教えてください

日本の大学（理学部）を卒業し、「アメリカで獣医師になる！」と決意し渡米をして早5年、現在はアメリカの獣医大学に在籍しています。

Public Health（公衆衛生学）に興味があり、日本でインターンシップを経験したいと考えています。

そこで、質問なのですが、日本の組織で学生にインターンシップを提供しているところがあるのかどうか、教えていただけないでしょうか。

A　農研機構・動物衛生研究部門、国立感染症研究所、国立医薬品食品衛生研究所などがあります

日本の大学を終えてからの留学、その熱意に敬意を表します。

日本におけるインターンシップを行っている公衆衛生関連組織ということになりますと、まず第一に、国立研究開発法人農業・食品技術総合研究機構（農研機構）動物衛生研究部門（旧・動物衛生研究所）です。インターンシップはだいたい2週間だそうです。同じような研究所としては、厚生労働省所管の「国立感染症研究所」あるいは「国立医薬品食品衛生研究所」があります。これらの施設でもインターンシップを受け入れていると思いますが、その詳細は、直接施設宛にお聞きするのがよいと思います。行政に関しては、農林水産省、厚生労働省ともに受け入れていると聞いておりますが、詳細は各省庁のホームページにアクセスして確認してみてください。これらの省庁に関しては、通常各獣医大学に連絡があり、各大学からまとめて応募する、というのが一般的のようです。以上、不十分なお答えですが、ご了承をお願い致します。

Q 海外で取得した獣医師免許で、日本で獣医師の仕事をすることができますか

海外（具体的には台湾）で取得した獣医師免許で、日本で獣医師の仕事をすることができますか。もしできるなら、日本の獣医師免許を取得するのに必要な手続きについて教えてください。

A 日本で獣医療を行うには日本の獣医師免許が必要です

日本において獣医療を行うためには、日本の獣医師免許が必要です。海外の免許では日本で診療はできませんが、海外で獣医師免許を取得した者が日本の免許を取ることは可能です。その場合、外国で受けた獣医学教育の内容などに関する書類の提出を求められます。それらをもとに、受験資格があるかないか、予備試験を課すか、あるいは直接本試験を受けて

よいかの判断がなされ、その上で獣医師国家試験を受験することになります。予備試験を受けた場合、その成績によって本試験の受験の可否が決定されます。

いずれにしても、決して簡単ではありません。また、提出書類には、当然日本語能力がある一定以上の水準であることを証明するものが求められます。試験ももちろん日本語ですので、母国語が日本語以外の方の場合かなりのレベルの日本語能力が必要です。

詳細は、獣医師免許の担当部署である農林水産省畜水産安全管理課に問い合わせて確認してください。

Q アメリカの獣医専門医の資格について教えてください

私は現在日本の獣医学科に在籍していますが、アメリカの獣医専門医制度に大変興味があります。アメリカの専門医資格について、資格取得までのプロセス、専門医の資格があるといったいどのようなメリットがあるのか、専門医の資格を取るためにはアメリカの大学院に進学するほうがよいのか、についてご教示ください。

A アメリカで専門医になるためにはいくつかのハードルを越えなければなりません

近年アメリカで獣医専門医を取得された者が国内外で活躍されていることもあり、専門医資格に対する関心が高くなってきています。私は臨床系教員ですので、ここでは臨床系専門医に関する情報を書かせていただきます。

専門医になるためにはいくつかのハードルを越えなければなりません。一般的には日本の獣医大学卒業後に渡米し、大学や開業専門病院などでインターンシップ（1年間）、レジデンシー（2～3年間）の両プログラムを修了する必要があります。その後に専門医資格試験を受験し合格すれば晴れて専門医を名乗ることができます。両プログラムとも、分野によりますが、競争率が非常に高く英語を母国語としない日本人にとっては特に難関です（小動物外科・内科、眼科などは特に人気があります）。

アメリカでは最初に受診する病院（一次診療）と紹介されて受診する病院（二次診療）の制度が確立されており、専門医は後者を受け持っています。この点は日本の状況と大きく異なるものと思われます。

また「専門医資格を取得する上で日本国内でなくアメリカなどの大学院に進学するのが得策か？」というご質問ですが、率直に申しますとあまり関係ないと思います。上記プログラムでは臨床経験が特に重要とされますが、大学院は研究を行い博士の学位取得を目的としているためです。専門医と博士はまったく異なる資格ということです。大志を持って勉学に励んでください。

Q アメリカで獣医師免許を取って日本で働くことはできますか

将来、獣医師になりたいと思っています。日本では高校1年生の年なのですが、今はアメリカ（ミシガン州）に住んでいます。アメリカで獣医師免許を取って日本で働きたいと思っていますが、アメリカの免許で日本で働くことができますか。

A アメリカの獣医師免許を取得しても日本の獣医師免許は別途取得する必要があります

アメリカで獣医大学に入ることは、かなり競争が激しいようです。頑張ってください。さて、アメリカの獣医師の資格を得た場合でも、日本の獣医師免許は別途取得する必要があります。アメリカでの資格を得た後で日本の資格も取りたい、という場合、農林水産省の獣医事に関係する部署に、様々な書類を提出しなければなりません。農林水産省は、その書類を審査し、通常アメリカで教育を受けた人に対しては、獣医師国家試験の受験資格を与えます。提出する書類は、アメリカでのカリキュラムの内容、日本語能力や成績の証明書などです。

農林水産省は、これらの書類を審査し、予備試験あるいは本試験（国家試験）の受験資格を与えるか否かを判定します。予備試験受験に合格すれば本試験の受験資格が与えられます。海外で受けた獣医学の教育内容により直接本試験を受けられる場合もあります。いずれにしても、詳細は農林水産省に問い合わせてください。

日本とアメリカの獣医師事情の差を考えると、働く環境としては社会からの認識度も含めてアメリカのほうが優れており、収入もよい傾向にありますが、卒業するころまでに考えればよいと思います。

Q

日本の獣医師免許で、海外で働く方法を教えてください

私は今、獣医学部の3年です。4年次の教室選択を前に将来の進路について悩んでいます。将来できれば海外で仕事をしたいと思っているのですが、日本の獣医師免許では海外で獣医師として働けないと聞きました。日本の免許で、海外で働ける（できれば臨床医として）方法などありましたら、教えてください。

A

国際協力機構（JICA）から派遣される場合があります

獣医師免許が必要な分野とそうでない分野があると思います。臨床分野と公衆衛生分野に関しては、国によって異なるようです。獣医師免許制度は、それぞれの国で独自の考えに基

づいて法律で定められています。

獣医臨床に関しては、アメリカの場合、州によって多少異なるようです。少なくともいくつかの州では、大学などの施設内であれば、アメリカの獣医師免許を持っていなくとも診療ができる場合があります。しかし、あなたが病院を持って獣医師として働く場合、当然アメリカの免許ならびにその州の免許を要求されます。英語の能力も必要です。かなり難しいと思います。

申しわけありませんが、アメリカ以外の国に関してはよく知りません。現在はインターネットなどで情報を得やすくなっていますので、色々調べてみてください。

一方、大学関係者などが国際協力機構（JICA）の業務として海外に指導に行くことがあります。あるいは、海外青年協力隊として、海外に派遣する獣医師の募集もしばしばあります。この場合、派遣先の獣医師免許は必ずしも必要ではありません。派遣先で、症例に何らかの獣医学的処置をすることもあるようですが、多くは派遣国との話し合いで、例えば、派遣先の獣医師と共同で処置する、という形で処理されているものと思います。このような海外協力もあります。

色々考え、また様々な情報を得て、ゆっくりと将来像を考えてください。将来のご活躍を期待します。

Q 日本の獣医師免許は韓国で使えるのでしょうか

獣医師の資格を持っていますが、韓国に引っ越すことになりました。日本の獣医師免許は韓国でも使えるのでしょうか。

A 韓国で外国の獣医師免許は使えません

韓国では外国の獣医師免許は使えません。

韓国の獣医師資格試験は12月に行われ、外国の獣医師免許取得者も、韓国国内の獣医学部を卒業した学生と同時に同一条件（韓国語で）で受けることになります。外国人のみを対象とした獣医師資格試験はありません。

Q 獣医大学の卒業生の就職先は？

現在高校3年生で、獣医学科への進学を検討中です。どのような就職先があるのでしょうか。具体的な就職先よりも分野の種類を上げていただけると助かります。

A 動物臨床、公衆衛生、食品医薬品企業、研究に分けられます

獣医学部（学科）を卒業した学生の進路は主に次の四つに分けられます。

1 開業獣医師あるいは勤務獣医師として動物臨床業務に従事する
2 国や地方自治体に勤務して、公衆衛生、食品衛生、動物愛護などの業務に従事する
3 企業に勤務して、食品、医薬品関連の研究業務などに従事する
4 大学院に進学し、大学の教員や研究者になる

獣医師への道

chapter 3

Q 動物の生態に関する研究職に就くには獣医学部と生物関係の学部のどちらに進学するのがよいのでしょうか

獣医学部への進学を志望している高校3年生です。将来、動物の生態に関する研究職、または野生動物の保護のような仕事に就きたいと思っています。そこで質問なのですが、

1 このような仕事に就くには獣医学部へ進学して獣医師免許を取るのと、生物関係の学部に進学するのとどちらがよいのでしょうか

2 イギリスのテレビ局BBCなどで放送されているアフリカの自然公園で働くようなことはやはり難しいのでしょうか

A 動物の生態を研究するには生物系の学部のほうがよいかもしれません

1動物の生態を調べる研究職あるいは野生動物の保護にかかわる職の守備範囲は大変広く獣医学だけですべてをカバーすることはできません。前者については、獣医学よりもむしろ生態学や動物学を専攻したほうがよいといえます。

獣医師でも生態学にかかわることができますが、得意とするのはむしろ動物の解剖、生理、病気、検査、扱いなどです。両者の連携によって自然環境の保全や野生動物の保護管理などの仕事がうまく機能していくのだと思います。そういう意味でゴールは一つでも、そのアプローチは様々です。どちらがよいとか重要かではなく、自分が何をしたいか（どういう手段を使いたいか）が大事だと思います。

2残念ながら難しいと思います。それぞれの国で野生動物関連の仕事に就きたい人はたくさんいるわけですから、よほど能力と運がないと雇用してもらえないと思います。英語力、フィールドワーク能力、野生動物や自然についての知識、対人関係などあらゆる能力が求められます。ただし日本にポジションを持ちながら海外で仕事をするチャンスは十分あります。

Q 獣医師として環境省に入り野生動物保護の仕事はできますか

野生動物保護に興味がある高校1年生です。獣医師として環境省に入り、野生動物保護をしたいと思っています。可能かどうか教えてください。

A 環境省では獣医職としての採用はありませんが獣医師は働いています

環境省に獣医師として職を得て野生動物保護にかかわれないかというご質問ですが、残念ながら環境省では獣医職の採用はありません。獣医師としてのポジションはありませんが、他の分野の方々と同じように公務員試験を受けて職を得ることになります。

おそらく国立公園などで働いているレンジャー（自然保護官）をイメージされているのだと思いますが、環境省のホームページに出ているように、レンジャーは野生生物の保護管理や自然環境の保全整備など様々な仕事をこなしています。その中の一部に獣医師としての技能を発揮できる仕事が含まれると思いますが、それがすべてではありません。レンジャーに興味を持たれているのであれば、多くのことを勉強して有能なレンジャーになっていただきたいと思います。もちろん獣医学もその中の重要な学問の一つです。実際、環境省でも獣医師が働いています。

Q 将来、国際的な野生動物保護の仕事をしたい

私は将来、国際的な野生動物保護の仕事をしたいと考えています。
以下の質問にお答えください。

1 どこの国の獣医大学を卒業するのが一番よいですか
2 このような仕事に就くにはどんなことが必要ですか
3 どんな方法がありますか

A 海外で野生動物保護の職に就くのはかなり難しいですが、方向を決めて努力すれば道は開けるかもしれません

Iどこの国の獣医大学を卒業するのが一番よいですか

質問された方は国際的な野生動物保護をしたいという意向のようですが、「国際的」という意味が不明確かと思います。野生動物は、各国あるいは地域に生息しているもので、基本的にその国あるいは地域の保護管理官（行政）や研究者がその保護や管理に携わっています。したがってどこの国で働きたいかによって、どこの国の大学で勉強をして、学位を取り、キャリアを積んでいくかが異なるからです。海外で勉強することはとても大変ですし、海外で職を得ることはほとんど不可能に近いといえます。「Think globally, act locally」という言葉があるのをご存知でしょうか。常に国際的な視野を持って野生動物のことを考えつつ、実際にはあるひとつの地域で活動を行うことが肝心だという意味です。まずは、日本で野生動物のことをよく学んで、その中で国際的な問題も考えてみるという方法はいかがでしょう。日本の中では北海道大学、岐阜大学、日本獣医畜産大学、日本大学などに野生動物関連の研究

室があります。また東京大学、北海道大学、岩手大学、新潟大学などには森林生態学や動物生態学を学べる研究室があります。どうしても海外ということでしたら、アメリカのカリフォルニア大学やミネソタ大学に野生動物の救護を行う施設があります。他の国に関しては残念ながら情報を持っていません。将来日本で働くにしても、海外の大学で勉強することはそれなりのメリットがあると思います。特にアメリカでは、野生動物保護の分野は日本より進んでいますので、より新しい知識や技術を得られますし、きっと将来に役立つ体験ができると思います。

2 このような仕事に就くにはどんなことが必要ですか

1で述べたように、海外で野生動物保護の職に就くことはまず不可能と思ったほうがよいと思います。私が知る限りそのような方は一人もおりません。英語が流暢に使えて（英語圏の人と対等に話せるくらいの英語力が必要）、専門知識と技術を兼ね備え、かつ地元の専門家以上の魅力を持った人でないとだめだということです。だからといって諦めなさいというつもりはなく、どうしてもそのような道を志したいということならば、海外の大学に行き、地元の学生以上に頑張って、力をつければ道は開けると思います。それ相応の覚悟が必要です。そこまではできないということならば、1に書いたように日本の大学で勉強されることを勧めます。また、野生動物保護の専門家を目指すなら、学部の4年間または6年間だけの勉強では、その知識や技術は十分には得られませんので、さらに大学院（その先にはポスドクという制度もあります）に進学されることを勧めます。キャリアを積んでいくことによって職を得るチャンスが増えるでしょうし、もしかすると海外に行く機会にも恵まれるかもしれません。初めから海外でと気負わずに、自分にできるところから始めて、コツコツと一歩ずつ進んでいくことが夢を実現する最短距離かもしれません。

3 どんな方法がありますか

特別な方法というものはなく、大学に入って専門知識や技術を身につけるしか道はないと思います。海外で野生動物の保護に携わっている人は、ほとんどが大学および大学院で専門教育を受けた人（博士の学位を持っている）ばかりです。日本でも同じで、専門家として活躍したいのであれば、大学、大学院に進学するのがベストです。他には、ボランティアとしてのかかわり方がありますが、おそらくそのようなことを望んでおられるわけではないでしょうから、ここでは省略します。

Q 猫アレルギーでも獣医師になれますか

私は中学2年生です。子供のころから獣医師になるのが夢でした。しかし、中学生になり現実を考えるようになり、自分が重度の猫アレルギーであるため獣医師になれないかもしれないと考えるようになりました。猫アレルギーでも獣医師になれますか。

A 獣医師が関係する分野は様々あるので猫アレルギーでも働くことは可能です

獣医師の仕事に興味を持っていただき、ありがとうございます。猫アレルギーを持っていらっしゃるとのこと、大変つらいことと思います。猫アレルギーを持っていても、獣医師になることには何ら問題ありません。ただ、猫を扱うような小動物臨床の分野で仕事をするのは難しいといわざるを得ません。私の大学にも猫アレルギーを持った学生がいましたが、その方は臨床分野ではなく、研究分野に進みました。最近はエキゾチックアニマルといって犬、猫以外のウサギ、小鳥、爬虫類などを専門に診療する獣医さんもいます。

一般にはよく知られていないかもしれませんが、獣医師が働く分野はあなたの考えている小動物臨床だけではなく、産業動物臨床、公衆衛生、家畜衛生、環境衛生、動物福祉・愛護、バイオメディカル、海外支援活動関係、野生動物関係など、様々な分野があります。獣医大学では6年間で様々な分野のことを勉強します。初めは小動物臨床を目指していても、大学で学ぶうちに、他の分野に興味を持ち、入学したときとは異なる分野に就職する方はたくさんいます。猫アレルギーでも働ける獣医学分野はたくさんあります。

日本獣医師会のホームページでは色々な獣医師の仕事を紹介していますので、一度獣医師がどのような仕事をしているか、またあなたの興味が持てそうな仕事があるかを調べてみてはいかがでしょうか。

Q 動物を好きな気持ちが強すぎて獣医師に向いていないのではないでしょうか

現在、獣医大学への受験を考えています。しかし、動物が好きな気持ちが強すぎて獣医師には向いていないのかもしれないと思うようになりました。大学のカリキュラムの中に動物実験や安楽死などが含まれていると思いますが、私に耐えられるのだろうか、と受験をする前から心配です。獣医師の先輩方にご助言いただけましたら幸いです。

A 獣医師は動物の生命を扱う責任の重い職業であることをご理解ください

獣医大学では、獣医師を養成するための教育として必ず獣医解剖学実習、実験動物学実習、外科学実習などの直接動物を扱う科目を受講しなければならず、動物の死と直面することがあります。これらの実習に使用される動物は獣医学の修得のため、またよりよい獣医師を育成するために、必要な数だけを制限して使用していますし、代替法が可能であれば動物を使わないようにしています。また、臨床現場においても、どうしても救えない病気や苦痛に苦しむ動物に直面したときには動物のことを考え、獣医師は飼い主さんに安楽死の選択を勧めたりします。口蹄疫や鳥インフルエンザなどの伝染病の蔓延を防ぐ目的で多くの牛・豚・鶏などを安楽死処分せざるを得ないこともあります。これらの仕事に携わった獣医師も動物の生命を絶つときにはとても心を痛め、つらい思いをしています。しかし、動物の苦痛軽減、私たちの健康や食の安全・安心を守るためにやむを得ず動物の命を絶っていることをご理解ください。多くの獣医師は、あなたと同様に動物が大好きですが、仕事の内容から動物の死を避けては通れません。

獣医大学の受験を目指していらっしゃるとのことですが、獣医師は動物の生命を扱う責任の重い職業であることをご理解いただいた上で受験することをお勧めします。

Q 獣医師になり製薬会社などで実験動物にかかわる仕事に就きたい

私は現在、中学3年生です。将来、獣医師になり、製薬会社などで実験動物にかかわる仕事に就きたいと考えています。そこで質問させていただきたいのですが

1 実験動物にかかわる仕事とは、どのような内容なのでしょうか

2 人や動物の薬の開発に獣医師は関係しているのでしょうか

A 獣医師は実験動物の管理や研究にも深くかかわっています

1 実験動物には、ネズミ(マウス・ラット)、ハムスター、モルモット、ウサギ、犬、サルやミニ豚など非常に広範な動物種が含まれています。これら実験動物にかかわる獣医師の仕事

は大きく二つに分けることができると思います。一つは実験動物の繁殖・維持とともに疾病の予防・診断・治療を行う管理主体の獣医師です。もう一つは、人あるいは動物用医薬品の開発のため、各種実験動物を用いて、有効性、安全性あるいは代謝の研究に従事する獣医師です。これら獣医師の多くは、国立研究機関、製薬企業研究所、受託研究機関あるいは医科系大学に属しています。共通することは動物愛護・福祉に対する高い意識とともに、取り扱い（ハンドリングともいいます）に高度な技術を有していることです。最近では、実験動物医学専門医認定制度が設けられ、卒後教育・訓練の充実が図られています。

2 製薬企業の研究所では多くの獣医師が、前述したような管理あるいは研究業務に携わっています。後者の例として、安全性研究に従事する獣医師について紹介しますと、適正な使用動物の選別に始まり、薬物投与、採血、症状観察、臨床検査、眼底検査、心電図検査、画像解析、各種手術そして病理診断と臨床獣医師に求められると同様の技量を駆使して研究に従事しています。研究を重ね、学位（博士号）を取得し、企業研究者としてグローバルに活躍している獣医師もいます。一方では、各種細胞を用いた分子生物学的アプローチを得意とする獣医師もいますし、再生医療の基礎研究に従事している獣医師もいます。このように、獣医師は人以外のすべての生物（動物）を扱えるプロフェッショナル（専門家）として、創薬研究においても大変重要な役割を担っています。

Q 獣医師の仕事について、やりがい、苦労などについて教えてください

僕は中学1年生です。今、職業調べをしています。僕は将来、獣医師になりたいと思っています。次の三つの質問について教えてください。

1 仕事の楽しさ、やりがい
2 苦労やつらいこと
3 どんな人に向いているか

A 伴侶動物獣医師の仕事には苦労もありますがやりがいもあります

獣医師というと犬や猫の動物病院の獣医師を想像されていると思います。もう少し広げて

も動物園や牛や馬などの獣医師でしょうか。しかし、獣医師は一般社会の色々な分野で活躍しています。例えば、かつて世間を騒がせたBSE（狂牛病）や口蹄疫などの発生の際にも獣医師は活躍しました。また、食品衛生や環境衛生の分野、製薬会社の薬品開発や毒性試験などの基礎研究の分野などでも獣医師は社会に貢献しています。変わったところでは、動物行動学を応用して、スーパーマーケットの商品展示（お客さんがすべての商品の前を通るような配置）をアドバイスしている獣医師もいます（人も動物です）。

このように獣医師の職域は非常に広いのですが、今回は犬や猫など伴侶動物（ペット）の獣医師について答えさせていただきます。

❙仕事の楽しさ、やりがい

伴侶動物臨床獣医師の仕事上の一番の喜びは、病気に苦しんでいた動物が治ったときでしょう。

動物は人のようにお腹が痛いとか、苦しいとか、どこがおかしいか話してはくれません。しかし、表情やしぐさなど身体で色々と訴えています。その動物が訴えている苦痛や異常をくみ取り、その断片的な情報をパズルのように組み立て、推理小説の探偵のように推理することで、まずは循環器の病気なのか、消化器の病気なのかを分類し、さらに病気の原因をふるい分けながら治療し、問題を解決していくのが臨床獣医師の仕事です。病気にかかわる情報を苦労しながら集め、推理して動物の病気の原因を究明し、治療して症状が改善したときの達成感は、他の仕事ではなかなか味わえないものです。

2 苦労やつらいこと

動物も長生きになり、高齢動物の診療が増えています。高齢動物では、人と同様、がんなどの治すのが困難な、または有効な治療法のない病気が多くなってきます。

一番困るのは高度な治療すれば悪くはならないのですが、治療程度を落とせば悪くなってしまうケースでしょう。治療を止めれば死んでしまう可能性が高い、しかし、治療を続けて延命すれば苦痛の期間を長くしているだけ。このようなときには動物の場合は「安楽死」という選択があります。欧米人、特にヨーロッパでは、飼い主は治療費および治る確率などを判断基準として、ドライに割り切り「安楽死」を選択するようです。しかし、ドライには割り切れないのが日本人です。飼い主さんの心の中を察しながら対応しなければなりません。また、飼い主さんが後悔するような形で動物が亡くなると飼い主さんの心の病気が起こってしまいます。それを「ペット・ロス症候群」といいます。

ペット・ロス症候群とは、亡くなった動物に対し、「あのときこうしていれば……」、「あの時にあんなことをしなければ……」などと後悔し、自責の念にかられることから起こります。そのようなことは、後で考えればいくらでも思い当たります。

さらに、動物が亡くなって落ち込んでいる自分を「他人はどう考えているか」、「周りから変な目で見られるのではないか」などと考え、心を閉ざしてしまいさらに悪化してしまいます。

動物に対する医療だけでなく、飼い主さんの心のケアも獣医師の仕事です。動物にとって「死」は避けることができません。神経を使う・報われることがない一番つらいところです。

3 どんな人に向いているか

基本的には動物が好きでなければできません。しかし、溺愛するタイプの人は思い切った決断ができなくなりますので、向いていないかもしれません。

言葉を話さない動物を相手にするのですから、何を訴えているのかを思いやりの心を持って判断できなければなりません。この動物に対する思いやりの心が最も必要な資質だと思います。

しかし、現実的には獣医大学を卒業して、国家試験に合格しなければ獣医師にはなれません。近年、獣医学部（学科）の入学試験の偏差値は非常に高く、狭き門になっています。十分な学力が必要です。

Q 野生動物の保護活動に携わるには獣医学部と農学部のどちらに進むべきでしょうか

私は将来、野生動物の保護活動に携わりたいと思っています。今、大学選びで、獣医学部に進むべきか、農学部に進むべきか悩んでいます。どちらに進むべきでしょうか。

A 獣医学部を志すのが一番の近道です

将来、野生動物の保護に携わりたい希望を持っておられるようですね。ぜひ初志貫徹してください。野生動物の保護活動には様々なものがあり、その中の一つに野生動物救護センターでの活動があります。もし野生動物の救護に興味を持っておられるのであれば、その中心的な役割は獣医師が担うことになるでしょうから、獣医学を志すのが一番の近道だと思います。ただし、救護センターには獣医療以外の仕事（例えば、給餌、掃除、リハビリ、ボランティアの窓口業務など）も多いので、必ずしも獣医師でなくても就職は可能です。

野生動物救護以外の保護活動としては、一般的には生態学をベースとした保護管理に携わる仕事があります。各都道府県には野生鳥獣を管轄する部署が必ずあり、そこに担当者が配置されています。県によっては、さらに野生動物の専門官が配置された部署がありますので、そのようなポストを目指すのがよいかと思います。そこでは、野生動物の個体数管理、狩猟の管理、農林業への被害管理（有害駆除など）、生息地管理など、いわゆるワイルドライフ・マネージメント（野生動物の保護管理）が行われています。

上記のような行政側の立場からの保護や保護管理以外では、希少野生動物の人工繁殖（主に動物園で行われています）や人と動物の共通感染症の解明（主に大学や研究所で行われています）などの仕事もあります。野生動物を取り巻く問題は多種多様で、野生動物救護はその中の一つです。そのようにご理解ください。

Q 動物の歯科治療を得意とする獣医師を目指しています

獣医学科入学を目指している高校生です。動物の歯科治療を得意とする獣医師なれたらいいなあと考えています。獣医学で歯科治療がどのように扱われているのか、獣医師の歯科に対する意識などについて教えてください。

A 獣医学領域においても歯科に関する認識は高まりつつあります

獣医学領域においても歯科に関する認識は高まりつつあります。アメリカ、ヨーロッパでは、獣医歯科学専門医が活躍しています。しかし、日本ではまだまだ十分な取り組みがなされているとは言えません。獣医学教育に携わる各大学の臨床教員の数が少なく、そこまで細分化する余裕がないからです。

専門医が行う歯科治療は、人に対する歯科治療と基本的には同じです。もちろん、動物であるが故の限界もあります。費用の問題や、たとえ歯がなくとも、人が世話をする限り、必ずしも栄養障害や摂食障害が起きないことなどもあり、きちんとした歯の治療が行われていません。

「日本小動物歯科研究会」という研究会が設立され、歯科に興味を持つ臨床獣医師らを中心に勉強会、啓発活動、研修などを行っています。しかし、一般的な動物病院では歯石を取る、歯周病になった歯を抜くなどがほとんどで、歯科に対する意識はまだ十分とは言えないかもしれません。

動物にとってきちんと歯が残っていることは当然好ましいことです。家族の中での伴侶動物の位置づけが高くなればなるほど、飼い主もきちんとした歯の治療を望むことが多くなると思います。したがって、今後獣医歯科への要請は高くなることはあっても、低くなることはないと思います。

歯科も高度化の道をたどることは間違いありませんが、もう少し時間がかかるかもしれません。

Q 海獣類を保護する仕事に就くには水産学部と獣医学部のどちらに進学するのがよいですか

今高校2年の者です。小さいころから動物が好きで、その関係の仕事に就きたいと思っています。将来海獣類を保護する仕事に就きたいのですが、その場合は水産学部と獣医学部のどちらに進んだほうがよいのでしょうか。

A 将来就きたい具体的な仕事の内容により、異なります

獣医学はたくさんの種類の動物の病気の予防と治療が役割の一つです。また、狂犬病などの病気が動物から人に感染するのを予防すること、牛乳や肉などの畜産製品の安全性を確認

すること、動物愛護・自然保護の研究と活動をすること、動物の病気・行動・進化などについての研究をすることなど、非常に広い範囲をカバーしています。そして、国家試験に合格しないと獣医師という職業に就くことができません。

水産学も大変に広い範囲をカバーする学問で、水生動物の生理・病気・生態の研究、食品としての魚の研究、海の生物が作る化学物質の研究、水産資源に関する研究などをカバーしています（私は水産学の専門家ではないので、多少不正確なところがあるかもしれません）。

「海獣を保護する仕事」ということですが、具体的にはどこに勤務をして、どのような仕事をしたいのか、まずそれを決めることが必要かもしれません。例えば、ニホンアシカ、アザラシ5種、ジュゴンは鳥獣保護管理法の対象となっているので、環境省には海獣類の保護を担当している者がいると思われます。しかし、環境省に入省したからといって希望の職に就けるとは限りません。また、大学などに所属し、海獣類の調査・研究を介して、海獣類の保護に貢献することもできるかもしれません。いずれにしても野生動物の保護に関する仕事は日本では限られています。獣医学部には野生動物の保護に興味を持つ学生が少なからずいますが、それを職業とすることは容易ではないことも覚悟しておいてください。

夢に向かって頑張って勉強してください。

Q

イギリスの動物看護師の資格が日本ではどのように扱われるのか教えてください

私は動物福祉に興味があります。日本国内で学校を探していますが、いっそのこと、動物先進国のヨーロッパに留学したらどうなのだろうかとも考えております。そこで質問です。イギリスで動物看護師の資格を取れたとしても日本ではまったく意味のないことになってしまうのでしょうか。あるいは何らかの形で生かせるのでしょうか。

A

動物看護師統一認定機構に問い合わせてみてください

日本の動物病院にも動物看護師の方がいらっしゃいます。動物の看護をはじめとする獣医療補助を主たる業務とする動物看護師の資格は、以前は、国内統一的なものではありませんでした。このような状態では色々な混乱が生じる恐れがあるとして、日本獣医師会などの関係者で協議し、平成23年9月に動物看護師の統一資格認定を行う組織として一般財団法人動物看護師統一認定機構（認定機構）が設立されました。

認定機構では認定試験の受験資格を以下のように定めています。

1 動物看護師統一認定機構が推奨したコア・カリキュラムに基づく「動物看護学」を教育する学科あるいはコースを有する専修学校あるいは大学において、認定動物看護師になるのに必要な単位または必要時間数を正規課程で修めた者

2 動物看護師統一認定機構の受験資格審査により個別に認めた者

海外で動物看護師の資格をとった者にも受験資格が与えられる可能性があるかもしれません。ぜひ、認定機構に問い合わせてみてください。

あなたの夢が実現することを願っています。

Q 牛の勉強はどこでできますか

　私は今中学3年生ですが、国立の獣医学科のある大学に行きたいと思っています。できるだけ牛にかかわる研究や勉強ができる大学に行きたいと思っていますが、そのような国立大学がありますか。また大学以外で牛の研究をしている機関はありますか。牛といっても肉牛のほうに興味を持っています。

　どこの獣医大学でも同じような勉強しかしないということを聞いたのですが本当ですか。

A 基本的な牛の勉強はどこでもできますが、注力の程度は大学が所在する地域の畜産事情により異なります

まず、獣医大学で勉強することを、動物別に分類してみると、実験動物（マウス、ラットなど）、伴侶動物（犬、猫など）、産業動物（牛、豚、鶏など）、その他（野生動物、海獣、動物園動物など）の四つに分けられます。

勉強する内容は、大きく三つに分けることができます。一つ目は、動物の体の構造や機能、病気の基礎を学ぶ分野です（基礎系）。二つ目は病気の原因となる細菌やウイルスがどのように動物に感染するのか、それを動物はどのように防いでいるのか、あるいは動物に由来する人の病気などについて学び、人の健康や福祉の向上に役立てる分野です（予防衛生系）。三つ目は、動物の病気を診断・治療し、予防する分野です（臨床系）。

「牛にかかわる研究や勉強」は、基礎系でも予防衛生系でも臨床系でもできます。ただし牛へのかかわり方が違います。基礎系の場合、獣医師は、農場にはほとんど行きませんが、実験室で牛の細胞や臓器を扱います。予防衛生系では、採材などで時々農場に行き、主に牛から取れた細菌やウイルス、血液などを扱います。臨床系の場合は、毎日のように農場に行き

牛の病気の診断・治療や予防に当たります。

　牛の臨床への注力の程度も、大学所在地の畜産事情により異なります。北海道は酪農が盛んな地域なので、帯広畜産大学では乳牛に関する実習や研究が活発です。東北や九州は肉牛（和牛）の生産が盛んなので、岩手大学、宮崎大学、鹿児島大学は肉牛（和牛）に関する実習や研究が多く行われています。これらの大学には牛の入院設備や実習設備が整っており、また、大学周辺の農家に出かけて牛の診療を積極的に行っています。

　どの獣医大学に行っても6年間勉強して、卒業時に獣医師国家試験を受けて合格しなければ獣医師になれません。したがって、各大学では国家試験を視野に入れた講義や実習が行われています。現在は、全国の獣医大学で話し合って共通のカリキュラムを作っており、各大学の授業や実習の70％はこのカリキュラムに基づいて組まれています。どの大学を卒業しても、同じレベルの獣医師を社会に送り出すための仕組みです。ただ、大学によって特長あるカリキュラムも組まれており、

教える先生によって講義内容も微妙に異なります。牛に関する実習設備、牛を実習で扱う頻度も大学によって異なります。

牛の研究を行っている国の試験研究機関としては農研機構の動物衛生研究部門および畜産研究部門、家畜改良センターなどがあります。都道府県にもそれぞれ畜産試験場があります。民間にも、家畜改良事業団、全農飼料畜産中央研究所、JA全農受精卵移植研究所などがありますので、各組織のホームページを参照してください。

また、各都道府県に農業共済組合（NOSAI）という組織があります。各NOSAIには家畜診療所があり、多くの産業動物獣医師が働いています。この獣医師の業務は家畜の保険制度の運営や牛の診療ですが、診療しながら現場に即した研究テーマを見つけ、研究や試験をする獣医師も多くいます。研究成果を学会で発表したり論文を書いたり、中には働きながら大学院に入り学位（博士号）を取る獣医師もいます。私もその一人です。このように、研究機関に所属して牛の研究をする道も、臨床獣医師として働きながら牛の研究をする道もあります。

夢に向かって頑張ってください。

Q 身体に障がいがありますが獣医師免許を取得できますか

獣医大学に進学しようと思っています。しかし、両目が斜視で遠近感が他の人よりも衰えており、それが獣医師免許の取得に影響するのではないかと心配です。免許取得に問題ないでしょうか。

A 診断書などを総合的に勘案し免許の付与の可否が決定されます

獣医師になるためにはいくつかの関門があります。

第一は、獣医学部（学科）のある大学に入学し、卒業することです。身体に障がいがある場合でも日常生活に支障がない程度（斜視、色覚異常、軽度の聴覚障がい）であれば、それを理由に入学を認めない大学はないと思われます。個別に大学に問い合わせて確認してください。

第二の関門は、大学を卒業した後で獣医師国家試験に合格することです。国家試験を受験するに際して、上記の斜視などの身体障がいが問題となることはまったくありません。第三の関門は国家試験に合格した後に行われる審議会を通ることです。ここでは、合格者すべてが医師の診断書に基づいて個別に審査されます。医師の診断書は、「視覚、聴覚、音声機能もしくは言語機能、上肢の機能もしくは精神の機能の障がいまたは麻薬、大麻もしくはアヘンの中毒者であるかないか」に関するものです。

身体の障がいなどの獣医師免許取得への影響については、獣医師免許申請時に提出された医師の診断書において、提出された診断書の内容、利用している障がいを補う手段または現に受けている治療などにより障がいが補われている状況などを総合的に勘案し、判断されます。斜視などの軽い障がいであれば、これまでの前例から判断すると不合格になることはないと思います。

獣医師の職域は広く、様々な分野で活躍できます。もちろん、多少の不自由はあるかもしれませんが臨床の場でも活躍できるはずです。希望を持って挑戦してみてください。

Q 人と動物を共に診察する病院はありますか

現在、人の看護師を目指しています。しかし、動物や人獣共通感染症に興味があり、正看護師の国家資格取得後に獣医大学に入学しようと考えています。人獣共通感染症を学び、研究、診察、治療する上で、看護師の資格や知識が役立つことがありますか。また医師と獣医師が連携し、人と動物を共に診察する病院、大学などはありますか。

A 医師と獣医師が連携して人と動物を診察する病院はありませんが、獣医師が人の健康維持にかかわることはあります

看護師の資格を取得後に獣医系の大学の受験を考えておられるとのこと、また、人獣共通

感染症について興味を持たれているとのこと、獣医学関係者として大変嬉しく思います。「One World, One Health」という概念が近年欧米を中心に広く提唱されています。これは、「世界は切り離すことのできない緊密さでつながっており、人、動物、環境を含めた健康の維持には1国だけでなく地球規模で対応する必要がある」という概念です。具体的には、適正な人と動物の相互関係、適切なリスク管理、人獣共通感染症の制御、感染症以外の疾病制御には、これまでのように個々の専門分野が独自に対応するのではなく、医学や獣医学を含む多分野の専門家が連携して問題解決に当たる必要性があるというものです。まさにあなたのように看護師として医学を勉強した方が、これから獣医学（人獣共通感染症）を勉強することで、その知識を人や動物の健康維持に大いに役立てていただきたいと思います。

残念ながら医師と獣医師が連携して人・動物を診察しているような病院は、現在はありません。ただ、動物とのふれあいを通じて人のストレスを軽減したり、精神的な健康を回復したりするAnimal assisted therapy（動物介在療法）の試みが行われています。そういった意味では、ペットを飼うということ自体が私たちのストレスを軽減して心の安らぎと癒しを与えてくれる効果があるといえます。また、獣医師は人獣共通感染症の予防や診断で医学に大いに貢献しています。

Q 医学部医学科から獣医系大学院に進学したい

私は医学部医学科の1年生なのですが、昔から獣医学分野にも興味があり（具体的には生態学や行動学です）、大学院は獣医学専攻に進学したいと考えています。獣医学科を出ていなくても行ける大学院はありますか。獣医師の国家試験の受験資格をもらえないことはわかっています。

A 獣医系の大学院には獣医学部（学科）卒業者以外も進学できます

普段より獣医学に関心を寄せておられるとのこと、関係者の一人として篤く御礼申し上げます。

獣医学系大学院の受験資格ですが、医学および歯学の6年制課程を卒業した方は6年制の獣医学課程を卒業した学生とまったく同様に受験資格が認められています。ただし、大学によっては、臨床系の研究室への配属を希望する者に獣医師資格を求めているところもあります。

また、修士課程修了者であれば、獣医系大学院博士課程の受験資格を認めています。大学によっては4年制学部卒業と研究生2年で受験資格を認めるところもあります。

このように、獣医系の大学院はかなり開かれた大学院となっておりますので、6年制の獣医学部卒業者以外の方も積極的に進学してくださることを期待しています。現在までに獣医系以外の大学の出身者がすでにかなり多数、博士（獣医学）の学位を取得されていることを申し添えます。

Q

他分野の修士課程修了者も獣医学の博士課程に入学できますか

私は現在、理工学研究科の修士課程に在籍しております。以前から獣医学の研究を行いたいと考えています。獣医学研究科は獣医学部卒業者しか入学できないのでしょうか。獣医学研究科に進学できるのであればとても嬉しく思います。

A

獣医学以外の分野の者でも修士課程を修了し入学試験に合格すれば獣医学博士課程に進学できます

獣医学の大学院に関して興味を持っていただき、ありがとうございます。現在、我が国の国公立獣医大学院博士課程は、北海道大学、東京大学、大阪府立大学、岐阜大学連合大学院

（帯広畜産大、岩手大、東京農工大、岐阜大）、山口大学連合大学院（鳥取大、山口大、鹿児島大）および宮崎大学（医学獣医学総合研究科）にあります。私立大学は、北里大学、日本獣医生命科学大学、麻布大学、日本大学がそれぞれ独自に大学院を持っています。これらの獣医学博士課程を有する大学院では、獣医学以外の分野の者でも修士課程を修了し、入学試験に合格すれば、進学することができます。また、それ以外の方でも、個別に審査して入学が許可される場合がありますので、入学に関してはそれぞれの大学に直接お問い合わせいただくか、募集要項などでご確認ください。なお、獣医学の大学院は博士課程のみで、修業年限は4年間です。

各獣医学大学院では、様々な先端的な研究を行っておりますので、まずは、あなたの興味のある研究を行っている大学院・研究室を訪れて、その研究内容に直接肌で触れていただくことをお勧めいたします。

Q 動物園の獣医師になるためにはどのような大学を選ぶべきですか

私は今高校2年生で獣医学科を目指しています。将来は動物園獣医師として働きたいと思っています。どういうことに着目して大学を選ぶべきですか。

A いずれの大学でも動物園動物に関する科目は少なく、大きな違いはありません。

獣医大学の受験を考えておられるとのこと、獣医学関係者として嬉しく思います。

現在、日本には16の獣医大学（国公立11校、私立5校）があり、いずれの大学においても卒業し国家試験に合格すれば、獣医師免許を取得できます。入試区分（一般受験、推薦入試など）

や受験科目は各大学で異なりますので、受験する大学の募集要項をよく読んで、あなたに合った大学を選択することをお勧めします。

各大学で学ぶ内容は、大学間でそれほど大きな違いはありません。なぜなら、獣医学教育モデル・コア・カリキュラムという獣医師になるために最低限学ぶべき内容が決まっており（それが全カリキュラムの約3分の2を占める）、すべての大学でそれに沿った教育が行われているためです。残りの3分の1は、各大学で特徴あるカリキュラムが組まれています。将来、動物園の獣医師を目指しているとのことですが、いずれの大学でも犬、猫などの伴侶動物、牛、豚、鶏などの家畜を対象とした講義や実習が中心で、動物園動物に関する科目は極めて少なく、斉一の実習はどこの大学でも行われていないのが実情です。したがって、動物園の獣医師の仕事は、休み中にご自身が動物園で実習されるか、卒業後、動物園に就職してから学ぶことになります。また、動物園獣医師の需要は極めて少なく、動物園に就職するのは極めて難しいといわざるを得ません。獣医師の仕事は多岐に渡っていますので、はじめから動物園獣医師にこだわらず、6年間の教育の中でご自身に合った仕事を選択していくことも可能です。まずは、ご希望の大学に合格されることをお祈りいたします。

Q 動物園で働く獣医師と飼育員の違いは何ですか

高校3年生です。将来、動物園で働きたいと思っています。動物園とはどのような職場ですか。また、飼育員になるか獣医師になるか迷っています。動物園で獣医師と飼育員の仕事上の違いは何でしょうか。将来、海外に出たいという思いもあるのですが、飼育員でも海外で就職できるのでしょうか。飼育員になるには、どうすればよいのでしょうか。

A 動物園への就職は獣医師、飼育員ともに難関です

動物園の就職状況は個々の動物園によって異なりますが、容易に就職できる職場ではあり

ません。競争倍率が100倍を超える場合も少なくありません。このような就職困難な状況は、獣医師や飼育員の職種間で変わりませんし、海外の動物園でも同様です。

飼育員の資格としては、日本動物園水族館協会が認定する飼育技師がありますが、この資格は海外では通用しません。

動物系の専門学校を卒業した飼育員が多いのですが、最近は畜産系大学出身者も増えており、獣医学部、理学部（動物生態学）、農学部（森林科学）の卒業生もみられるようです。また、卒業学校の種別とは関係なく雇用される場合もあります。稀ではありますが、大学院卒業生を採用する動物園もあります。

動物園には色々な種類の動物が飼育・展示されていますが、生のみならず死にも直面する職場です。それは獣医師も飼育員も同じです。動物の死と対峙し乗り越えることができなければ、動物園で働くことは難しいと思います。また、病気や怪我をした動物の治療はもっぱら獣医師の仕事です。

Q

獣医師はどのように動物介在療法にかかわっていますか

私は将来獣医師になって動物介在療法にかかわりたいと思っています。獣医師は動物介在療法にどのような形でかかわるものなのでしょうか。

A

獣医師は、動物の適正の判定、ハンドリング、健康管理などに携わっています

動物介在療法は、医師が患者に必要と考え、適切な動物を介在させた「治療」として行うものですが、実際には獣医師や動物看護師などがその活動に参加することが多いと思います。特に、人と伴侶動物との関係や伴侶動物の心身の状態を冷静に把握できるため、獣医師

がこの活動に携わることはとても重要です。

動物介在療法を含む動物介在活動でも、獣医師が様々に携わっています。活動に参加する動物の適性の判定、動物の適切なハンドリング、健康管理、人と動物の共通感染症予防が獣医師の役割です。もちろん、獣医師以外の方々も動物介在活動に携わることができます。動物介在活動を支えていきたいという気持ちをお持ちであれば、活動を実際に見学したり、参加してみてはいかがでしょうか？

動物介在療法にはデリケートな側面もありますので、どなたでも参加できるわけではありませんが、動物介在活動であれば参加可能です。公益社団法人日本動物病院協会のCompanion Animal Partnership Program（人と動物のふれあい活動）のホームページをぜひ一度ご覧になってみてください。

Q 獣医学部を目指していますが、生きた犬を使った実習に抵抗があります

獣医学部を目指している高校1年生です。しかし、家で犬を飼っていることもあり、生きた犬を用いた実習にはかなりの抵抗があります。犬の遺体を提供してもらい、その遺体のみを使って実習を行うということはできないのでしょうか。

A 使用する動物の数を少なくし、苦痛を与えないような方法で行っていますし、可能であれば代替法に切り替えています

私たち獣医師もあなたと同様に、少しでも多くの動物の命を救い、怪我や病気を治したいと思っています。また、私たちも家で猫や犬を飼っていますので、あなたの気持ちはよく理

解できます。

獣医学教育において、実習で生きた動物を使用する際には、使用する動物の数をできるだけ少なくし、動物に苦痛を与えないような方法で行っています。また一部は生きた動物の代わりに模型やモデルを使った実習も行われていますし、DVDなどの視聴覚教材を用いた教育も実施されています。生きた動物に代わるものを利用して学習することを「代替法」と呼んでいます。しかし、生きた動物にまったく触ったことがない学生が獣医学部を卒業した場合、その人は獣医師として働けるでしょうか。獣医師を目指す皆さんが大学で知識や技術をきちんと身につけていなければ、将来、不幸になる動物や悲しむ飼い主が増えてしまうでしょう。

例えば、骨折した動物が来院した場合、骨の構造、血管や神経の走行、筋肉のつき方などを知らなければ、どのように切開したらよいかわかりません。また、正しい麻酔の方法を知らなければ、どのように麻酔をかけるのか、どのくらいの麻酔の深さであれば動物に苦痛なく、折れた骨を修復し皮膚を縫合できるのかわかりません。さらに、消毒・滅菌や感染症に関する知識がなければ、動物は手術後に感染症を起こして死んでしまうことがあるかもしれません。このような一連の作業を、動物遺体のみを用いた実習や机上の学問だけで学習することは極めて難しいことであろうことは理解していただけるかと思います。

同様の質問に対する回答が154ページと184ページにありますので、ご参照ください。

Q 動物の病気の研究をするためには獣医学部（学科）でなければ無理ですか

受験生です。私は動物の病気の研究をしたいと思っているのですが、やはり動物の病気の研究は獣医学部（学科）でなければできないのでしょうか。他の学部や学科では無理なのでしょうか。私は特に伴侶動物の病気の研究をしたいと考えています。

A 獣医学部（学科）以外でも動物の病気を研究することは可能ですが、獣医学部（学科）のほうが有利です

一言に動物の病気といっても色々なものがあります。人の総合病院を想像してみてください。総合病院に行けば、内科、外科、整形外科、眼科、皮膚科、呼吸器科、消化器科、泌尿

器科、産婦人科などたくさんの診療科があります。動物の場合も同様です。動物も人と同様の病気（糖尿病や心臓病など）にかかることもありますが、動物特有の病気（口蹄疫、第四胃変位など）もたくさんあります。

動物の病気を研究をする上で、まず動物の解剖・生理など、動物の体のしくみや機能を理解する必要もあります。また、病気の診断、治療、予防をする際には、病気の原因、症状、発生機序、病態などを理解しておく必要もあります。獣医学は直接動物の疾病を対象とする学問分野なので、獣医学部（学科）に入学すると様々な病気について総合的（基礎・応用・臨床）に勉強していきます。したがって、動物の病気を研究する上で、獣医学は最適な学問分野であるといえます。

獣医学以外で動物の病気の研究ができないわけではありませんが、その分野は限定されると思います。例えば、動物のワクチンを開発する場合、動物のウイルスや細菌などの分野の知識が必要になりますし、開発したワクチンが実際に有効であるかを判定する場合には、獣医学的な知識が必要になります。また、あなたが希望するような伴侶動物の病気を研究する場合でも、獣医師は実際に動物の病気を診察したり、治療したりすることできるので、病気に対する理解が深まり、研究の進展も期待できます。

やはり獣医学部（学科）に入学・卒業し、獣医師免許を取得することをお勧めします。

Q 人獣共通感染症に関する研究をしたい

現在、獣医学科のある大学を目指している浪人生です。私は大学で人獣共通感染症について研究したいと思っています。どこの大学に進めば、その分野について詳しく勉強できますか。

A 各大学で様々な人獣共通感染症の研究をしています

獣医大学の受験を考えておられるとのこと、また、人獣共通感染症に関する研究に興味を持たれているとのこと、獣医学関係者として大変嬉しく思います。人獣共通感染症の研究は、獣医学の中でもとても重要な分野です。ただ、人獣共通感染症といってもその病原体はウイルス、リケッチア、細菌、真菌、原虫、寄生虫と様々です。したがって、どこの大学でもこれらすべてについて研究しているわけではありません。各大学の獣医学部や獣医学科のホームページでは、各研究室で行われている研究内容を紹介しています。それらをのぞいてみると、どのような人獣共通感染症の研究をしているかを知ることができます。例えば、狂犬病の研究を行っている研究室、鳥インフルエンザの研究を行っている研究室、サルモネラ菌に関する研究を行っている研究室、エキノコックスという寄生虫に関する研究を行っている研究室など様々です。

また、獣医大学では人獣共通感染症に関する講義があります。入学後に講義を聴講し、自分が興味のある対象を見つけることもできます。

本格的に人獣共通感染症の研究を希望されるなら、獣医大学を卒業した後、大学院に入学して4年間（獣医系大学院博士課程は4年間）、そこでじっくり研究することが一番です。

Q 動物の栄養について勉強できる学科はありますか

かねてから、動物の栄養について勉強してみたかったのですが、どのような大学・学科になるでしょうか。ヨーロッパ圏で探しています。

A 海外の大学ではBiology, Zoology, Animal Science, Veterinary Scienceなどの学部で動物栄養学が学べます

動物の栄養といっても、**1**犬猫、**2**大動物（産業動物）、**3**動物園や保護野生動物で内容がかなり異なります。犬猫の場合、ペット栄養学として人の食事に近い考え方となります。例えば、年齢ごとに区切った栄養素のバランスの整え方、また病気の犬猫に対しての特別な栄養バランスや栄養補給といった考え方です。一方、大動物の栄養学は、最終的には人の食

材となる豚や牛などが対象ですので、いかに健康で肉質のよい動物を育成するかということが重要になり、「飼養学」と呼ばれます。また、動物園や保護野生動物の場合は、それぞれの動物の生態を理解し、それに沿った自然に近い形で飼育・給餌していくことが重要です。動物のストレスにならないように、控えめな動物とのかかわりあいの中で許容される栄養・食事の補給になります。ひとことに動物の栄養といっても多岐に渡りますので、事前に特にどの部分を勉強したいかを明確にしておく必要があります。

欧米にはAnimal nutritionistという職種があり、上記の**1**～**3**が専門分野となっています。一般的には、生物系の学部で動物の基礎を学んだ後、さらに大学院で専門の分野の栄養学を学びます。

海外の大学ではBiology, Zoology, Animal Science, Veterinary Scienceなどの学部の学習内容に栄養学が含まれています。学部からのエントリーであれば、さほど難易度は高くないものと想像されます。入学基準については、各校に確認してください。

Q 将来、養豚獣医師として働きながら研究をしたい

私は獣医学部を目指す受験生です。アメリカの農学部へ進学し現地の獣医学科に進学するか、日本の獣医学科に進学するべきか迷っています。将来、養豚獣医師として働きながら、豚の繁殖障害に関する研究も行い、学術的にも臨床的にも獣医学に貢献したいと思っています。

欧米諸国では、在職（獣医師）のままで研究を行うことができる機会は極めて少ないと聞いたことがあります。日本の獣医学科に進むほうがよいのでしょうか。

A 日本で獣医師として働きながら豚の研究をされてはいかがでしょう

アメリカでは獣医学部は医学部などと同様、一度大学を卒業しないと入学できません。例えば、農学部や畜産学部、理学部などを卒業した後に入学するものです。獣医学部では最初の2年間は講義が中心で、後半の2年間はほぼ臨床実習のみです。

アメリカでは、獣医学部のレベルは医学部と似たような位置づけです。すなわち、学業成績がトップ1％に入っていないと、獣医学部への入学は困難です。また、学業だけではなく、クラブ活動、ボランティア活動など、様々な活動も入学の際の評価対象となります。「将来、養豚獣医師として働きながら研究を行う」というあなたの希望は、アメリカではなかなか困難な人生選択であるように思います。

日本には、臨床にも研究にも強い獣医学部（学科）や大学院（4年間の博士課程）があります。ただし、日本の獣医師資格は国外では通用せず、他国で正式な獣医療はできません。日本の獣医学部（学科）に進み、養豚獣医師になってから大学の教員と相談し、豚の研究をなさってはいかがでしょうか。

Q 通信教育で獣医師免許が取得できますか

就職活動中の20歳です。獣医師の資格を取りたいのですが、大学に行くのは現実的に難しい状況です。インターネットで調べたところ通信講座（通信教育）を見つけました。これをすべて受講したと仮定して獣医師国家試験を受けることができるのでしょうか。

獣医師の国家受験資格としては「大学に於いて正規の獣医学課程を修了した者」とありますが、通信教育が存在するということは受講後に国家試験を受験し、資格取得が可能ということでしょうか。

A 通信教育で獣医師免許を取得することはできません

残念ながら獣医師国家試験の受験資格は通信教育では取得できません。あなたもお調べになったように、獣医師国家試験受験資格は、あくまでも「大学に於いて正規の獣医学課程を修了した者」に限定されます。獣医学教育では講義ばかりでなく実習にも大きなウエイトが置かれています。大学での講義は通信教育で代替することが可能かもしれませんが、実際に獣医療の現場で動物に触れて学ぶような臨床実習などは通信教育ではできないだろうと思われます。したがって、通信教育のみでの獣医学教育は不可能です。

あなたが見つけたといわれる通信教育がどんなものなのか私にはわかりませんが、そういうものがあるとしたら、大学での正規の獣医学課程を修了しながら、獣医師国家試験に不合格になった人たちに向けたもの、あるいは獣医大学在学中の学生に対して獣医師国家試験に合格できるように勉強させるための通信教育ではないかと想像します。

繰り返しになりますが、「大学に於いて正規の獣医学課程を修了すること」以外に獣医師国家試験の受験資格を得る方法はありません。

Q 獣医師資格は一度取ると、その後試験はないのでしょうか

獣医師資格を取った後に、車の免許のように何年かに一度は技術の向上を目的に、講習会を受ける制度はあるのでしょうか。

A 獣医師資格の更新制度はありません

獣医師資格は、獣医大学を卒業し（あるいは卒業見込み）獣医師国家試験に合格して、登録手続きを行うと与えられます。この資格は一生続き、更新制度はありません。

しかし、生涯に渡って何らかの形で研鑽を積んでほしいという理念のもと、日本獣医師会では「生涯研修制度」を作り、様々な講習会などに出席するよう勧めています。日本獣医師会以外にも獣医師関連の多数の団体が学術集会、セミナーなどを定期的に開催しており、臨

床獣医師の多くは、これらの学術集会、セミナーなどに出席し、研鑽に努めています。

Q 現在35歳ですが、獣医学部（学科）受験にチャレンジしたい

子どものころから獣医師になりたいという夢を持ちつつ、理系科目が苦手だったこともあり、文系の4年制大学を卒業しました。夢を諦めきれず、獣医大学入学を目標として勉強しています。ところが急に年齢に対する不安が襲ってきました。私くらいの年齢の方で実際に獣医師を目指して大学で勉強されている方はいらっしゃるのでしょうか。

A 学士編入学制度がありますので検討してみてください

獣医師への夢をいつまでも抱き続けておられるとのこと、その熱意に敬意を表します。現

在、国公立、私立を問わず、獣医学部（学科）の入学倍率は高いので、失礼な言い方かもしれませんが、受験戦争を10年以上前に終えられた方が、現役の受験生と同じ土俵の上で戦って勝ち抜くのはかなり難しいと思います。実際、あなたがかつて受験されたころとは高校のカリキュラムも変わっているので、一般入試で獣医学部（学科）入学を目指すのは厳しいかもしれません。

しかし、夢を諦める必要はありません。現在、いくつかの獣医大学で学士編入学制度が設けられていますので、それを利用して入学する方法があります。学士編入学の場合、受験科目数も一般入試より少ないですし、一度大学を卒業された者には、ずっと受験しやすいと思います。

学士編入学の場合、たいてい2年次編入ですが、3年次編入の大学もありますので、一般入試で入学した場合より1～2年間早く卒業できます。また私が在職する大学でも30代の編入生はしばしば見かけますし、稀には40代の編入生もおります。ただし、学士編入学も受験倍率は高いのでよく勘案していただきたいと思います。獣医学部（学科）の講義や実習では生物や化学に関する素養が要求されます。これは覚悟しておいてください。

Q 立派な臨床獣医師になるには大学時代に何をすればよいのでしょうか

僕は臨床獣医師になりたくて、今年獣医学科に入学しました。今、どう学べば立派な開業医になれるのか考えていますが、全然答えが見つかりません。インターネットや先輩の話など色々な情報を集めていますが、わかりません。

立派な開業医になるには大学時代に何をすればよいのでしょうか。

A よい臨床家になるためには多くの知識と経験が必要です

残念ながら日本の獣医臨床教育は欧米諸国に比べ遅れています。医学教育でも同様ですが、獣医臨床教育では実際の症例を多く診て学んでいくことが必要です。それには教員の数、施設、サポートスタッフなどが十分にいなければいけません。現在、日本の大学の獣医学科を統合し、より大きな規模にしてより充実した教育を行うべく、各大学で努力が続けられています。

日本で獣医学を学んでも立派な臨床獣医師になれないかといえば、決してそんなことはありません。あなたは今、1～2年次で、生物学や獣医学の基礎を学んでいる時期かもしれません。臨床という分野は、医学でも獣医学でも総合的な判断が必要な分野です。したがって広い知識が要求されます。基礎系科目の授業の中で、こんなものは直接臨床に役立たないと思われることがあるかもしれませんが、どこかで必ず役に立ちます。決して解剖学や生理学などの基礎系科目を疎かにしてはいけません。

よい臨床家になるためには、多くの知識と経験が必要です。例え欧米諸国でも大学を出たばかりでは知識と経験が足りません。あとは本人の意欲と、真摯に病気を診断し、最良の治療法を求める態度が重要と思います。さらに、飼い主の気持ちに寄り添い、また動物の立場に立って診療する態度も重要だと思います。飼い主とよい関係を築くには、人間性や一般教養も重要なポイントです。

このようなことは一日では達成できません。日々の心がけが大事です。先は長いですので、焦らずに努力していくことが肝要です。

Q 海獣について専門的に学べる大学を教えてください

高校生の女子です。将来水族館で海獣を専門として働きたいと思っています。大学は獣医学部を受けるつもりなのですが、どの学校で海獣について専門的に学べるのでしょうか。ぜひ教えてください。

A 海獣を専門に教える大学はありません

獣医大学では、犬、猫、牛、豚など多くの動物について勉強します。残念ながら海獣を専門に教える大学はなく、卒業後に海獣について勉強することになると思います。したがって、どの大学で獣医学を学んでもあまり大きな違いはないと思います。水族館に勤務する獣医師の数はあまり多くありません。希望のところに就職できるように祈っております。

おわりに

本書を上梓するにあたり、本当に多くの方々のお世話になりました。

最初に、質問をお寄せくださった皆様に心より御礼申し上げます。質問のほとんどは匿名で寄せられたので残念ながらお名前を記すことができません。質問にはなるべくきちんとお答えするよう努力しましたが、特に飼っている動物の個別診察にかかわる質問については回答いたしませんでした。実際に診察しないと正確な回答ができないからです。ご容赦ください。

次いで回答者の皆様です。的確な回答をいただき感謝しております。ほとんどが日本獣医学会の会員ですが、会員以外の専門家に回答をお願いしたこともありました。末尾にお名前を掲載して感謝の意を表したいと思います。

また、書籍化するにあたり、字数の制限や最新情報への更新のため、かなり大幅な修正を行った回答もありました。そのため、回答者の意図する内容が変わってしまったかもしれません。すべて編集を担当した私たちの責任ということでお許しいただきたいと思います。

最後になりましたが、本書の編集作業を常に暖かく、しかしながら時には厳しく、見守っていただいた㈱学窓社編集部の鈴木夕子さんと山口勝士さんに心から御礼申し上げます。
ありがとうございました。

平成29年9月吉日

公益社団法人日本獣医学会
中山裕之
久和　茂

日本獣医学会ホームページ「Q&A」コーナー回答者の皆様（太字は本書に掲載したQ&Aの回答者）

安居院高志（北海道大学）／**浅川満彦**（酪農学園大学）／淺野　玄（岐阜大学）／**東　淳樹**（元岩手大学）／石川　勉（㈱ボゾリサーチセンター）／石黒直隆（元岐阜大学）／石塚真由美（北海道大学）／**伊藤大介**（日本大学）／板垣匡（岩手大学）／**今川和彦**（東京大学）／**上原正人**（元鳥取大学）／梅村孝司（元北海道大学）／枝村一弥（日本大学）／大石明広（帯広畜産大学）／大澤健司（宮崎大学）／**大滝忠利**（日本大学）／**尾崎　博**（元東京大学）／小沼　操（元北海道大学）／**重茂克彦**（元岩手大学）／**片山泰章**（岩手大学）／**加藤　郁**（加藤どうぶつ病院）／**門平睦代**（帯広畜産大学）／加納　塁（日本大学）／壁谷英則（日本大学）／**唐木英明**（元東京大学）／**喜田　宏**（北海道大学）／北川勝人（日本大学）／**久和　茂**（東京大学）／**草野寛一**（JRA美浦トレーニング・センター）／**工藤荘六**（工藤動物病院）／栗田吾郎（栗田動物病院）／九郎丸正道（東京大学）／桑原正貴

（東京大学）／古濱和久（元岩手大学）／五味浩司（日本大学）／御領政信（岩手大学）／齊藤真也（静岡県立大学）／左向敏紀（日本獣医生命科学大学）／佐々木伸雄（元東京大学）／佐藤　至（岩手大学）／佐藤真伍（日本大学）／佐藤英明（元東北大学）／佐藤れえ子（岩手大学）／柴内晶子（赤坂動物病院）／柴田秀史（東京農工大学）／渋谷　久（日本大学）／清水　誠（まこと動物病院）／杉田昭栄（宇都宮大学）／鈴木忠彦（元岩手大学）／鈴木正嗣（岐阜大学）／泉對　博（日本大学）／高木　哲（北海道大学）／高島郁夫（元北海道大学）／滝口満喜（北海道大学）／滝山直昭（日本大学）／竹内正吉（大阪府立大学）／武内ゆかり（東京大学）／谷口和之（元岩手大学）／崔《チェ》　恩京（元東京大学）／辻本　元（東京大学）／坪田敏男（北海道大学）／局　博一（元東京大学）津曲茂久（日本大学）／霍野晋吉（エキゾチックペットクリニック）／中尾るり子（日本ヒルズコルゲート㈱）／中川秀樹（中川獣医科病院）／芳賀　猛（東京大学）／早崎峯夫（元山口大学）／原澤　亮（元岩手大学）／平野紀夫（元岩手大学）／深田恒夫（元岐阜大学）／福井大祐（岩手大学）／藤田桂一（フジタ動物病院）／星　信彦（神戸大学）／堀北哲也（日本大学）／前田貞俊（岐阜大学）／松木直章（元東京大学）／眞鍋　昇（元東京大学）／丸山総一（日本大学）／水上昌也（水上犬猫鳥の病院）／南　佳子（みなみ動物病院）／南　正人（麻布大学）／源　宣之（元岐阜大学）／三宅眞実（大阪府立大学）／村田浩一（日本大学）／森友忠昭（日本大学）／安田　準（元岩手大学）／山崎　聡（元岩手大学）／山下和人（酪農学園大学）／山谷吉樹（日本大学）／大和　修（鹿児島大学）／山根義久（公益財団法人動物臨床医学研究所）／横山　滋（元日本小動物歯科研究会）／吉岡耕治（農業・食品産業技術総合研究機構）／吉村史朗（元日本獣医生命科学大学）／亘　敏広（日本大学）

それ！
獣医学のスペシャリストに
聞いてみよう！

2017年 9月26日　第1刷発行
2017年12月25日　第2刷発行

公益社団法人日本獣医学会 編

発行者　山口啓子

発行所　株式会社学窓社
〒113-0024 東京都文京区西片2-16-28
電話(03)3818-8701　FAX(03)3818-8704
ホームページ　http://www.gakusosha.com

印刷　株式会社シナノパブリッシングプレス

AD　三木俊一
デザイン　守屋 圭(文京図案室)

イラスト　オカタオカ

Printed in Japan
ISBN978-4-87362-758-8